普通高等教育"十二五"规划教材

锌冶金

雷　霆　陈利生　余宇楠　编著

北京
冶金工业出版社
2018

内容提要

本书从锌冶金基础知识入手，结合企业生产实际，按照锌冶金生产完整的工艺过程，逐一介绍了锌冶金基础知识、硫化锌精矿的流态化焙烧、湿法炼锌的浸出过程、硫酸锌溶液的净化、锌电解沉积技术、火法炼锌、锌冶金清洁生产与物料综合利用等内容。

本书除作为高职高专冶金技术专业学生教学用书外，也可作为行业职业技能培训教材或工程技术人员的参考用书。

图书在版编目(CIP)数据

锌冶金/雷霆，陈利生，余宇楠编著．—北京：冶金工业出版社，2013.1（2018.1 重印）
普通高等教育“十二五”规划教材
ISBN 978-7-5024-6138-6

Ⅰ.①锌…　Ⅱ.①雷…　②陈…　③余…　Ⅲ.①炼锌—高等学校—教材　Ⅳ.①TF813

中国版本图书馆 CIP 数据核字(2013)第 014773 号

出 版 人　谭学余
地　　址　北京市东城区嵩祝院北巷 39 号　邮编　100009　电话　(010)64027926
网　　址　www. cnmip. com. cn　电子信箱　yjcbs@ cnmip. com. cn
责任编辑　杨盈园　陈慰萍　美术编辑　李　新　版式设计　孙跃红
责任校对　卿文春　责任印制　李玉山
ISBN 978-7-5024-6138-6
冶金工业出版社出版发行；各地新华书店经销；三河市双峰印刷装订有限公司印刷
2013 年 1 月第 1 版，2018 年 1 月第 3 次印刷
787mm×1092mm　1/16；8. 5 印张；260 千字；124 页
28. 00 元

冶金工业出版社　投稿电话　(010)64027932　投稿信箱　tougao@cnmip. com. cn
冶金工业出版社营销中心　电话　(010)64044283　传真　(010)64027893
冶金书店　地址　北京市东四西大街 46 号(100010)　电话　(010)65289081(兼传真)
冶金工业出版社天猫旗舰店　yjgycbs. tmall. com

前　言

我国是铅锌大国。发展我国的锌产业，科研、生产一线高技能人才的培养是根本。然而，目前培养此类人才的高职院校缺乏这方面的教材。为适应我国锌产业发展的需要，在高等院校冶金技术专业中开设“锌冶金”课程，编写《锌冶金》教材，培养一批锌产业所需的高技能人才，这对于我国锌产业的发展非常重要和必要。

本书参照国家职业技能标准和职业技能鉴定规范，企业的生产实际和岗位技能要求，从锌冶金基础知识入手，结合企业生产实际，按照锌冶金生产完整的工艺过程，逐一介绍了锌冶金基础知识、硫化锌精矿的流态化焙烧、湿法炼锌的浸出过程、硫酸锌溶液的净化、锌电解沉积技术、火法炼锌、锌冶金清洁生产与物料综合利用等内容。

本书除作为高等院校冶金相关专业学生教学用书外，还可作为行业职业技能培训教材或工程技术人员的参考用书。

由于作者水平所限，书中不妥之处在所难免，敬请广大读者不吝赐教。

作　者

2012 年 10 月

目　　录

1　锌冶金基础知识

1.1　锌的主要性质

1.1.1　锌的物理性质

锌为银白略带蓝灰色的金属，六方体晶体，新鲜断面具有金属光泽。锌是元素周期表中第ⅡB族元素，原子序数30，相对原子质量为65.39，锌的原子外层电子排列为$3d^{10}4s^2$，正常价态是Zn（0）和Zn（+2）。锌的熔点为419.58℃，沸点为906.97℃。25℃时，密度为7.14g/cm³；20℃时，比热容为0.383J/(g·℃)，汽化热1755J/g，莫氏硬度2.5kg，标准电位-0.763V。

锌是较软的金属之一，仅比铅、锡稍硬。常温下性脆，延展性甚差，加热到100～105℃时就具有很高的延展性，能压成薄板或拉成丝；当加热至250℃时，锌失去延展性而变脆。常温下加工，会出现冷作硬化现象，故锌的机械加工常在高于其再结晶的温度下进行，一般在373～423℃之间加工最适宜。锌的电导性为银的27.9%，热导性为银的24.2%。

锌的主要物理性质见表1-1。

表1-1　锌的主要物理性质

英文名称	Zinc
分子式	Zn
原子序数	30
相对原子质量	65.39
密度/g·cm⁻³	7.14
熔点/℃	419.58
沸点/℃	906.97
化合价	+2

1.1.2　锌的化学性质

锌在常温下不被干燥的空气或氧气氧化，在湿空气中生成保护膜$ZnCO_3 \cdot 3Zn(OH)_2$，保护内部不受侵蚀。

纯锌不溶于纯H_2SO_4或HCl，但商品锌却极易溶解在两种酸中。商品锌也可溶于碱中，但没有在酸中溶解快，锌可与水银生成汞齐，汞齐不易被稀硫酸溶解。熔融的锌能与铁形成化合物留在钢铁表面，保护其免受侵蚀。

$CO_2 + H_2O$可使Zn(g)迅速氧化为ZnO，此反应是火法炼锌工艺中的关键反应。

锌在电化学次序中位置很高，可置换许多金属，在湿法炼锌中能起净液作用，锌能与许多金属形成合金，如黄铜等。

1.2 锌的主要用途

锌的用途广泛，在国民经济中占有重要的地位。锌能与很多金属形成合金，如与铜形成的合金（黄铜），锌铜锡组成的合金（青铜）等，这些合金广泛用于机械制造、印刷、国防等领域。锌的熔点较低，熔体流动性较好，铸造过程中可使铸模各细小部分充满，故锌被广泛应用于制造各种铸件。锌的抗耐腐蚀性能好，主要用于镀锌工业，作为钢材的保护层，如镀锌的板管等，其消耗量占世界锌消耗量的47.7%。锌板也用于屋顶盖、火药箱、家具、贮存器、无线电装置、电机等的零件。锌还用于锌—锰电池，作为电池的负极材料，用量较大。高纯锌—银电池具有体积小、能量大的优点，用作飞机、宇宙飞船的仪表电源等。

1.3 锌的主要化合物及其性质

1.3.1 硫化锌（ZnS）

自然界中硫化矿以闪锌矿的矿物状态存在，是炼锌的主要原料。纯硫化锌为白色物质，并呈粉末多晶半导体，在紫外线、阴极射线激发下，能发出可见光或紫外光、红外光。

硫化锌熔点为1850℃，在1200℃时显著挥发，密度为4.083g/cm^3，在空气中，硫化锌在480℃时即缓慢氧化，高于600℃时氧化反应激烈进行，生成氧化锌或硫酸锌：

$$2ZnS + 3O_2 \longrightarrow 2ZnO + 2SO_2$$

$$ZnS + 2O_2 \longrightarrow ZnSO_4$$

在还原气氛中，1100℃时，氧化钙能使硫化锌分解：

$$ZnS + CaO + CO \longrightarrow Zn + CaS + CO_2$$

金属铁在1167℃时开始分解硫化锌，在1250℃时分解作用进行得很完全：

$$ZnS + Fe \longrightarrow Zn + FeS$$

硫化锌在氯气中加热时则生成氯化锌：

$$ZnS + Cl_2 \longrightarrow ZnCl_2 + S$$

硫化锌不能直接被H_2、C、CO还原，也不能溶解于冷的稀硫酸及稀盐酸中，但能溶解于硝酸及热浓硫酸中。

硫化锌可用于涂料、油漆、白色和不透明玻璃、橡胶、塑料等领域。

1.3.2 氧化锌（ZnO）

氧化锌（ZnO）俗称锌白，为白色粉末。当锌氧化、$ZnCO_3$煅烧或ZnS氧化时皆能生成ZnO。ZnO比ZnS更难熔，1400℃时显著挥发。氧化锌的熔点为1973℃，密度为5.78g/cm^3。氧化锌属于两性氧化物，既能与酸反应，又能与强碱作用，生成相应的盐类，在高温下可与各种酸性氧化物、碱性氧化物，如 SiO_2，Fe_2O_3，Na_2O 等反应，生成硅酸锌、铁酸锌、锌酸钠等。氧化锌易溶解于酸性溶剂中，工业上焙砂的酸浸出，就是利用了氧化锌的这一特性。

ZnO 能被 C、CO、H_2还原，在温度高于950℃时，氧化锌被一氧化碳还原生成锌蒸气的反应激烈进行：

$$ZnO + CO \longrightarrow Zn\uparrow + CO_2$$

在有空气存在条件下，当温度高于650℃时，ZnO 与 Fe_2O_3可形成铁酸锌：

$$ZnO + Fe_2O_3 \longrightarrow ZnO \cdot Fe_2O_3$$

ZnO 可用作油漆颜料和橡胶填充料，医药上用于制软膏、锌糊、橡皮膏等，还能治疗皮肤伤口，起到止血收敛作用。ZnO 也用作营养补充剂（锌强化剂），食品及饲料添加剂等。

1.3.3　硫酸锌（$ZnSO_4$）

$ZnSO_4$在自然界中发现很少，焙烧 ZnS 时，可形成 $ZnSO_4$。$ZnSO_4$易溶于水，加热时易分解：

$$2ZnSO_4 = 2ZnO + 2SO_2 + O_2 \quad (T = 800℃)$$

当有 CaO 和 FeO 存在时会加速 $ZnSO_4$的分解：

$$ZnSO_4 + CaO = ZnO + CaSO_4 \quad (T = 850℃)$$

$ZnSO_4$被 C 或 CO 还原成 ZnS 需在800℃以上进行，而此时大部分 $ZnSO_4$已分解形成 ZnO，因此仅一部分被还原。

$ZnSO_4$用于生产其他锌盐的原料，也用于制立德粉，并用作媒染剂、收敛剂、木材防腐剂、电镀、电焊及人造纤维（粘胶纤维、维尼龙纤维）、电缆等工业。$ZnSO_4$也是一种微量元素肥料、饲料添加剂，还可用来防治果树苗圃病害等。

1.3.4　氯化锌（$ZnCl_2$）

在较低温度下，将氯气与金属锌、氧化锌或硫化锌作用可生成氯化锌：

$$Zn + Cl_2 = ZnCl_2$$

$$ZnO + Cl_2 = ZnCl_2 + \frac{1}{2}O_2$$

$$ZnS + Cl_2 = ZnCl_2 + S$$

$ZnCl_2$易溶于水，其熔点为318℃，沸点为730℃。$ZnCl_2$的熔点和沸点都较低，500℃时显著挥发，这是采用氯化挥发锌并得以富集的依据。

$ZnCl_2$主要用于制干电池、钢化纸，并用作木材防腐剂、焊药水、媒染剂、石油净化剂等。

1.3.5　碳酸锌（$ZnCO_3$）

自然界中，碳酸锌（$ZnCO_3$）以菱锌矿的状态存在。碳酸锌在350～400℃时分解成 ZnO 及 CO_2。碳酸锌极易溶解于稀硫酸，生成硫酸锌与 CO_2，碳酸锌也易溶于碱或液氨中。

1.4 锌冶炼的主要原料和资源情况

1.4.1 锌冶炼的主要原料

在自然界中未发现有自然锌，按矿中所含矿物不同，一般将锌矿石分为硫化矿和氧化矿两类。

（1）硫化矿：Zn 主要以 ZnS 和 nZnS · mFeS 存在，是炼锌的主要原料，属原生矿。单金属硫化矿在自然界中发现很少，多与其他金属硫化矿伴生，最常见的是铅锌矿，其次为铜锌矿、铜铅锌矿、锌镉矿等。这些矿物中除主要矿物 Cu、Pb、Zn 外，还常含有 Au、Ag、As、Sb、Cd 及其他有价金属，含有 FeS、SiO_2、硅酸盐等脉石，这样复杂的矿石称为多金属矿石，在这些矿石中，因为欲提取的金属含量不高（Zn 通常为 8.8% ~16%），不宜直接进行冶金处理，通常通过优先浮选法分离矿石中的重要金属。

（2）氧化矿：Zn 主要以 $ZnCO_3$和 $ZnSiO_4 \cdot H_2O$ 存在，属次生矿，是硫化矿床上部长期风化的矿物。

锌精矿含有 Zn、Pb、Cu、Fe、S、Cd、SiO_2、Al_2O_3、$CaCO_3$、$MgCO_3$及 Mn、Co、In、Au、Ag 等。通过选矿富集，品位约为 38% ~62%。

锌冶炼对锌矿的要求为：Zn >48%，Pb <2%，Fe <8%，水分 6% ~8%。除以上所述炼锌的主要原料外，含锌废料如：镀锌的锌灰，熔铸时产生的浮渣，处理含锌物料时（黄铜、高锌炉渣）产生的 ZnO 等也可作为炼锌的原料。

1.4.2 锌资源情况

锌在地壳中的丰度为 0.004% ~0.2%，现已知道的锌矿物为 55 种，具有工业价值的含锌矿物主要有异板矿（calamine），即 $ZnCO_3$（欧洲）、$ZnCO_3 + Zn_2SiO_4$（美）；锌矾矿（goslarite），即 $ZnSO_4 \cdot 7H_2O$；锌铁尖晶石（frankliaite），即（Fe^{2+}，Mn^{2+}，Zn)O(Fe^{3+} Mn^{3+})$_2O_3$；异极矿（hemimorphite），即 $Zn_4Si_2O_7(OH)_2 \cdot H_2O$；磷锌矿（hopeite），即 $Zn_3(PO_4)_2 \cdot 4H_2O$；水锌矿（hydrozincite），即 $3Zn(OH)_2 \cdot 2ZnCO_3$；铁闪锌矿（marmatite），即 ZnS（立方）+大于 20% FeS；菱锌矿（smithsonite），即 $ZnCO_3$（美）；闪锌矿（sphalerite），即 ZnS（立方）(美)；硅锰锌矿（trootsite），即（Zn，Mn^{2+})$_2SiO_4$；硫氧锌矿（voltzine），即氧硫化锌（不定）；硅酸锌矿（willemite），即 Zn_2SiO_4；纤锌矿（wurtzite），即 ZnS（六方）；闪锌矿（zincblende），即 Zn（立方）(欧洲)；红锌矿（zincite），即 ZnO；碳酸锌矿（zincspar），即 $ZnCO_3$等。

目前，锌冶炼的主要原料为闪锌矿、铁闪锌矿、氧化锌矿和菱锌矿等。

世界锌资源较丰富国家是中国、美国、加拿大、澳大利亚、墨西哥和秘鲁等，2002 年底世界主要锌资源国家的储量见表 1 -2，由这些数据可知，我国是锌资源较丰富的国家之一，这为锌冶金发展提供了原料保障。

到 2002 年底，世界锌储量 200000kt，基础储量 450000kt。

我国的锌资源主要分布在云南、内蒙古、甘肃、四川、广东等省，这五省的锌资源占全国锌资源总量的 59%，其中云南锌矿资源储量最大，广西、湖南、贵州等省也有锌矿资源。中国在1999年底探明锌资源总量为92120kt，锌资源量为60470kt，基础储量31650kt，其中储量为20280kt。到2002年，锌储量为33000kt，锌基础储量92000kt，再到2003年，锌储量36000kt，基础储量仍然为92000kt，储量增幅不大。

表1-2 2002年底世界主要锌资源国家的储量 (kt)

国名	锌储量				锌基础储量			
	1990年	1995年	2000年	2002年	1990年	1995年	2000年	2002年
中国		5000	33000	33000		9000	80000	92000
美国	20000	16000	25000	30000	50000	50000	80000	90000
澳大利亚	19000	17000	34000	33000	49000	65000	85000	80000
加拿大	21000	21000	11000	11000	56000	56000	31000	31000
墨西哥	6000	6000	6000	8000	8000	8000	8000	25000
秘鲁	7000	7000	7000	16000	12000	12000	12000	20000
前苏联	10000	10000			15000	15000		
其他	56000	58000	72000	69000	96000	115000	130000	110000
世界总计	144000	140000	190000	200000	295000	330000	430000	450000

20世纪90年代初，我国锌资源基本能满足需求，具有一定的资源优势，而到目前，锌资源已经没有优势，原料自供应率降低。虽然我国的锌资源丰富，但能经济利用的储量不多，可经济利用的锌资源净增加量大幅下降，而资源消耗量却逐年增加，锌精矿由净出口国变为净进口国，原料不足制约了我国锌工业的发展。2002年，我国锌的资源储量保有年限仅为7.9年，基础储量保有年限为11.8年。实际上，我国锌精矿从1996年开始由净出口变为净进口，目前锌资源的短缺已经开始制约我国锌冶金的可持续发展。

为了保持我国锌冶金的长远和可持续发展，一方面需要提高找矿强度，增大资源量，另一方面，应开发利用我国丰富的低品位锌资源。

1.5 锌的生产与市场

由于锌在工业上的广泛应用，促进了锌的消费与生产。全世界锌的生产与消费稳步增加，比同期的经济增长速度快，特别是西方国家，锌的生产满足不了工业需求，每年需大量进口锌。我国锌冶金发展迅速，比全世界锌的平均发展速度要快。近年全世界及西方国家、我国锌的生产和消耗情况见表1-3和表1-4。

表1-3 近年全世界及西方国家锌的生产和消耗量 (kt)

年份	1995	1996	1997	1998	1999	2000	2001	2002	2003	2004
世界锌产量	7359	7465	7801	7990	8109	8368	9200	9400	9790	10220
世界锌消耗量	7455	7556	7789	7890	8166	8400	8790	9000	9261	10440
西方国家锌产量	5497	5536	5598	5754	5844	6189			6665	6652
西方国家锌消耗量	6293	6242	6450	6514	6667	6904			7153	7385
西方国家锌进口量	457	469	794	662	723	770			598	732

表 1-4 近年我国锌的生产和消耗量 (kt)

年 份	1986	1987	1988	1989	1990	1991	1992	1993	1994	1995
生产量					551.8	612	719	857	1018	1077
进口量	116.9	68.2	62	19.2	4.1	15.7	42.2	40.1	49.0	66.7
出口量	56.8	95.3	13.8	12.9	21.4	5.4	81.9	205.6	278	191.5
消耗量	418	459	441	402	518	540	568	631	681	871
年 份	1996	1997	1998	1999	2000	2001	2002	2003	2004	
生产量	1185	1434	1468	1695	192	204	204	2227	2519	
进口量	69.5	72	87.5	16	35.7	220	220		636	
出口量	226.8	557	370.6	505	593	610	550	451	338	
消耗量	949	971	1038	1099	1130	1490	1620	1900	2817	

在锌的生产和消耗逐年增加的同时，锌的市场价格也逐年升高。近年来锌的 LME 销售现价和国内销售价见表 1-5。

表 1-5 近年来国际（LME 现价）和国内锌销售平均价格

年 份	1990	1991	1992	1993	1994	1995	1996	1997	1998	1999	2000	2001	2002	2003
LME/美元 · t^{-1}	1520	1150	1240	961	998	1031	1025	1318	1023	1077	1150	886	779	828
国内价/元 · t^{-1}	7280	7150	7570	8330	9210	9250	9300	10870	9738	9765	10500	8820	7889	

虽然国际上锌的销售价格有一定的波动，但基本上稳步升高，特别是从 1993 年以来，锌的国际市场价格基本稳定升高。我国锌的市场价格也是逐年升高的，正是由于锌需求量的增大和锌市场价格的稳定升高，使得锌冶金企业具有良好的经济效益，推动了我国锌冶金的发展，目前我国已成为全球最大的精锌生产国。

1.6 锌冶炼的主要方法

锌冶炼的方法主要有火法炼锌法、湿法炼锌法以及再生锌的回收等。

1.6.1 火法炼锌

锌的火法冶炼是在高温下，用碳作还原剂从氧化锌物料中还原提取锌的过程。其基本原理是：因 ZnS 不易直接还原（$T>1300$℃开始），而 ZnO 则较易，因此，首先将 ZnS 经过焙烧得到 ZnO，再将 ZnO 在高温（1100℃）下用碳质还原剂还原，并利用锌沸点较低的特点，使锌以蒸气挥发，然后冷凝为液态锌。

火法炼锌技术主要有竖罐炼锌、密闭鼓风炉炼锌、电炉炼锌等几种工艺。

锌火法冶炼的主要特点是：历史悠久、工艺成熟，但产品质量较差、综合回收率较低。

1.6.2 湿法炼锌

用酸性溶液从氧化锌焙砂或其他物料中浸出锌，再用电解沉积技术从锌浸出液中制取金属锌的方法。

湿法炼锌的主要工艺过程有硫化锌精矿焙烧、锌焙砂浸出、浸出液净化除杂、锌电解沉积等。

湿法炼锌工艺流程如图1-1所示。

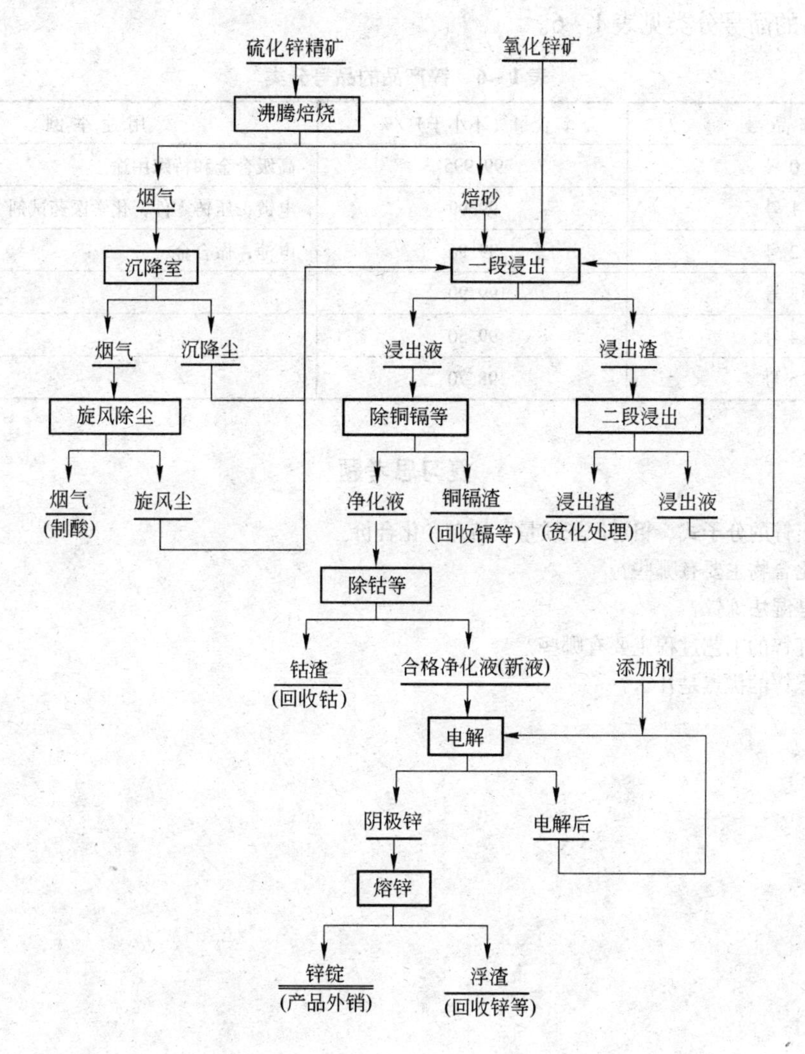

图1-1 湿法炼锌工艺流程图

湿法炼锌的主要优点是：产品质量好（含锌99.99%）、锌冶炼回收率高达97%~98%、伴生金属回收效果好、易于实现机械化、自动化、易于控制环境影响。

1.7 锌的再生

锌的再生主要是利用热镀锌厂产生的渣、钢铁生产的含锌烟尘、生产锌制品过程中的废品、废件及冲轧边角料、废旧锌和锌合金零件或制品、化工副产品或废料等含锌原料，采用平罐蒸馏炉、竖罐蒸馏炉、电热蒸馏炉等设备将纯合金废料火法直接熔炼、含锌废金属杂料直接蒸馏、含锌金属和氧化物废料还原蒸馏、还原挥发的方法等对锌进行的回收。

1.8　锌产品品号分类

锌产品的品号分类见表1－6。

表1－6　锌产品的品号分类

锌 品 号	锌含量（不小于）/%	用 途 举 例
0号	99.995	高级合金和特殊用途
1号	99.99	电镀，压铸零件，化学医药试剂
2号	99.96	电池，做合金
3号	99.90	
4号	99.50	
5号	98.70	

复习思考题

1－1　请写出锌的分子式、相对原子质量、熔点、化合价。
1－2　锌的化合物主要有哪些？
1－3　什么是湿法炼锌？
1－4　湿法炼锌的工艺过程主要有哪些？
1－5　湿法炼锌的优点是什么？

2 硫化锌精矿的流态化焙烧

火法炼锌和湿法炼锌的第一步冶金过程都是焙烧，其中火法炼锌厂的焙烧是纯粹的氧化焙烧，湿法炼锌厂进行的也是氧化焙烧，但焙烧时要保留少量的硫酸盐，以补偿浸出和电解过程中损失的硫酸，同时希望尽可能少生成铁酸锌。焙烧过程中还产出含 SO_2浓度较高的烟气，可以送往硫酸厂生产硫酸。

焙烧的主要作用如下：

（1）氧化焙烧：就是改变精矿的物相组成，使锌和硫从 ZnS 精矿中分离出来，S 以 SO_2入烟尘制酸，Zn 以 ZnO 留在焙砂中以便提取锌。某厂入炉精矿指标为（%）：Zn≥40，S 28 ~32，Fe≤15，SiO_2≤5，Pb≤1.8，Ge≤0.002，As≤0.2，Sb≤0.25，Ni≤0.005，Co≤0.015。

（2）同时进行部分硫酸化焙烧，可使焙烧矿中形成少量 $ZnSO_4$，以补偿电解与浸出时循环系统中酸的损失。经验证明，焙烧矿中含 2.5% ~4% 的 S_{SO_4}完全可以满足这一要求。

（3）使 As、Sb 氧化后挥发入烟尘。

（4）尽可能少地生成铁酸锌（其不溶于稀硫酸，影响浸出率）。

（5）得到高浓度 SO_2烟气以制酸。

焙烧时，得到细小粒子 0.005 ~0.074mm 的焙烧矿利于浸出。

处理块状硫化矿时，最早采用的焙烧是堆式焙烧，后改为竖炉焙烧，再后来处理粉状精矿则使用反射炉，多膛炉与悬浮焙烧炉。焙烧设备的不断改进，其目的是强化焙烧过程，提高硫化物燃烧热量的利用率，改善劳动条件。

硫化锌精矿的沸腾焙烧是现代焙烧的新技术，也是强化焙烧过程的一种新方法。其实质是：使空气自下而上地吹过固体料层，吹风速度达到使固体粒子相互分离，并不停地复杂运动，使运动的粒子处于悬浮状态，状如水的沸腾翻动。由于粒子可以较长时间处于悬浮状态，就构成了氧化各个矿粒最有利的条件，大大强化了焙烧过程。

硫化锌精矿的焙烧可采用反射炉、多膛炉、复式炉（多膛炉与反射炉的结合）、飘悬焙烧炉和沸腾焙烧炉。其中，沸腾焙烧炉是当前生产中采用的主要焙烧设备。本章主要介绍硫化锌精矿的沸腾焙烧。

2.1 硫化锌精矿沸腾焙烧的原理

流态化焙烧炉工作的基本原理是利用流态化技术，使参与反应或参与热、质传递的气体和固体充分接触，实现它们之间最快的传质，传热和动量传递，已获得最大的设备生产能力。

2.1.1 流化床的形成

当流体的表观速度继续增大到一定值后，床层开始膨胀和变松，全部颗粒都悬浮在向上流动的流体中，形成强烈搅混流动。这种具有流体的某些表观特征的流—固混合床称为流化床。在气—固流化床中，颗粒强烈翻滚，所以又称为沸腾床。

2.1.2　流态化范围与操作速度

与流态化状态开始条件对应的空截面（直线）流速称为临界沸腾速度（v_c）。

流化床开始破坏（固体颗粒被气流从流化床中吹走）对应的速度称为临界沸腾速度（v_{out}）。

从临界沸腾速度开始流态化，到带出速度（临界沸腾速度）下流化床开始破坏这一速度范围称为流态化范围。它是选择操作流态化速度的上下极限范围。流态化范围越宽，流化床的操作越稳定，这一范围大小可以用带出速度（临界沸腾速度 v_{out}）与临界沸腾速度 v_c 的比（v_{out}/v_c）来表征。理论和实践证明，颗粒越细则流态化范围越小，不规则宽筛分物料的流态化范围比球形粒子的要小。

实际上，多数工业流化床内粒级分布较宽，所以合理的操作速度应是绝大部分颗粒正常流态化而又不大于某一指定粒级的带出速度。一般根据临界流态化速度并利用流化指数的经验数据来确定操作气流速度。流化指数 $K=v_{out}/v_c$，代表流化强度。例如，锌精矿酸化焙烧时，$K=12\sim24$；锌精矿氧化焙烧时，$K=15\sim14$。

2.1.3　沸腾焙烧过程的主要化学反应

沸腾炉是一种新型的燃烧设备，它基于化工冶金工业的气固流态化技术而设计。硫化锌精矿的焙烧过程是在高温下借助鼓入空气中的氧进行的。当温度升高到250℃着火温度时，ZnS 开始发生化学反应生成 ZnO 和 SO_2 烟气，并放出大量热，足以满足正常的自热焙烧反应所需热量。通常通过加入锌精矿的多少来控制焙烧温度，焙烧过程如下：

$$MeS+2O_2 \xlongequal{} MeSO_4$$

$$MeS+1.5O_2 \xlongequal{} MeO+SO_2\uparrow$$

根据后一阶段冶炼方式的不同，硫化锌精矿的焙烧又可分为：硫酸化焙烧（820～900℃）和氧化焙烧（1000～1100℃）。湿法炼锌一般采用硫酸化焙烧，要求尽可能完全地使金属硫化物氧化，得到含少量硫酸盐的氧化物焙砂，以减少浸出过程中硫酸的消耗。

2.1.4　硫化锌精矿焙烧时各成分的行为

（1）硫化锌。硫化锌以闪锌矿或铁闪锌矿（nZnS · mFeS）的形式存在于锌精矿中。焙烧时，硫化锌主要发生如下反应：

$$ZnS+2O_2 \xlongequal{} ZnSO_4$$

$$2ZnS+3O_2 \xlongequal{} 2ZnO+2SO_2$$

$$2SO_2+O_2 \xlongequal{} 2SO_3$$

$$ZnO+SO_3 \xlongequal{} ZnSO_4$$

调节焙烧温度和气相成分，就可以在焙砂中获得所需要的氧化物或硫酸盐。

（2）二氧化硅（SiO_2）。硫化锌精矿中往往含有2%～8%的 SiO_2，它多以石英矿物形态存在，在焙烧过程中易与金属氧化物形成可溶性的硅酸盐，在浸出时溶解进入溶液，形成硅酸胶体，对澄清和过滤不利。铅的存在能促使生成硅酸盐，但硅酸铅的易熔性，妨碍焙烧过程进行，因为熔融态的硅酸铅可以溶解其他金属氧化物或其硅酸盐，形成复杂的硅酸盐，所以，对入炉精矿中的含铅、硅有严格的控制标准。

（3）硫化铅（PbS）。铅在硫化锌精矿中以方铅矿形式存在，硫化铅在空气中焙烧时，可被氧化为$PbSO_4$和PbO：

$$PbS + 2O_2 = PbSO_4$$

$$3PbSO_4 + PbS = 4PbO + 4SO_2$$

$$2SO_2 + O_2 = 2SO_3$$

$$PbO + SO_3 = PbSO_4$$

硫化铅和氧化铅在高温时都具有较大的蒸气压，能够挥发进入烟尘，因此可采用高温焙烧来气化脱铅。铅的各种化合物熔点较低，容易使焙砂发生粘结，影响正常沸腾焙烧作业的进行，故工业生产时，锌精矿中的铅含量控制在1.5%以下。值得一提的是，在鼓风炉炼锌时，这些铅锌混合精矿焙烧过程中形成的低熔点化合物是烧结料中的主要黏结剂。

（4）铁的硫化物。锌精矿中主要铁的硫化物为硫化铁矿，包括黄铁矿（FeS_2）、磁硫铁矿（Fe_nS_{n+1}）和复杂硫化铁矿，如铁闪锌矿（nZnS · mFeS）、黄铜矿（$FeCuS_2$），砷硫铁矿（FeAsS）等。焙烧后产物主要为Fe_2O_3与Fe_3O_4。由于FeO在焙烧条件下继续被氧化以及硫酸铁很容易分解，故焙烧产物中没有或极少有FeO与$FeSO_4$存在。

当温度在200℃以上时，焙烧硫化锌精矿生成的ZnO与Fe_2O_3按以下反应形成铁酸锌：

$$ZnO + Fe_2O_3 = ZnO \cdot Fe_2O_3$$

在湿法浸出时，由于铁酸锌不溶于稀硫酸，留在残渣中而造成锌的损失，因此，对于湿法炼锌厂来说，为了尽量提高焙烧产物中锌的可溶率，应尽量在焙烧中避免铁酸锌的生成。

防止铁酸锌生成的主要方法如下：

1）加速焙烧过程，缩短反应时间，以减少在焙烧温度下ZnO与Fe_2O_3颗粒的接触时间；

2）增大炉料的粒度，减小ZnO与Fe_2O_3颗粒接触表面；

3）升高焙烧温度并对焙砂进行快速冷却；

4）将锌焙砂进行还原沸腾焙烧（采用双室沸腾炉），用CO还原铁酸锌，使其中的Fe_2O_3被还原，破坏铁酸锌的结构而析出ZnO。

$$3(ZnO \cdot Fe_2O_3) + CO = 3ZnO + 2Fe_3O_4 + CO_2$$

（5）铜的硫化物。铜在锌精矿中主要以辉铜矿（Cu_2S）、黄铜矿（$CuFeS_2$）、铜蓝（CuS）等形式存在，高温焙烧时生成Cu_2O、$Cu_2O \cdot Fe_2O_3$及CuO。

（6）硫化镉。镉在锌精矿中常以硫化镉的形式存在，在焙烧时被氧化生成CdO和$CdSO_4$。$CdSO_4$在高温下分解生成CdO，与CdS挥发进入烟尘，成为提镉原料。高温焙烧可以很好地使镉除去或富集在烟尘中。

（7）砷与锑的化合物。在锌精矿中存在的砷、锑化合物主要有硫砷铁矿（即毒砂FeAsS）、硫化砷（As_2S_3）、辉锑矿（Sb_2S_3），它们在焙烧过程中生成As_2O_3、Sb_2O_3以及砷酸盐和锑酸盐。As_2S_3、Sb_2S_3、As_2O_3、Sb_2O_3容易挥发进入烟尘，砷酸盐和锑酸盐为稳定化合物，残留于焙砂中。

（8）Bi、Au、Ag、In、Ge、Ga 等的硫化物。Bi、In、Ge、Ga 等的硫化物在焙烧过程中生成氧化物，以氧化物的形态存在于焙烧产物中，Au 和 Ag 主要以金属态存在于焙烧产物中。

2.2 沸腾焙烧工艺流程

某锌厂 $50m^2$ 沸腾炉焙烧生产的工艺流程如图 2－1 所示。

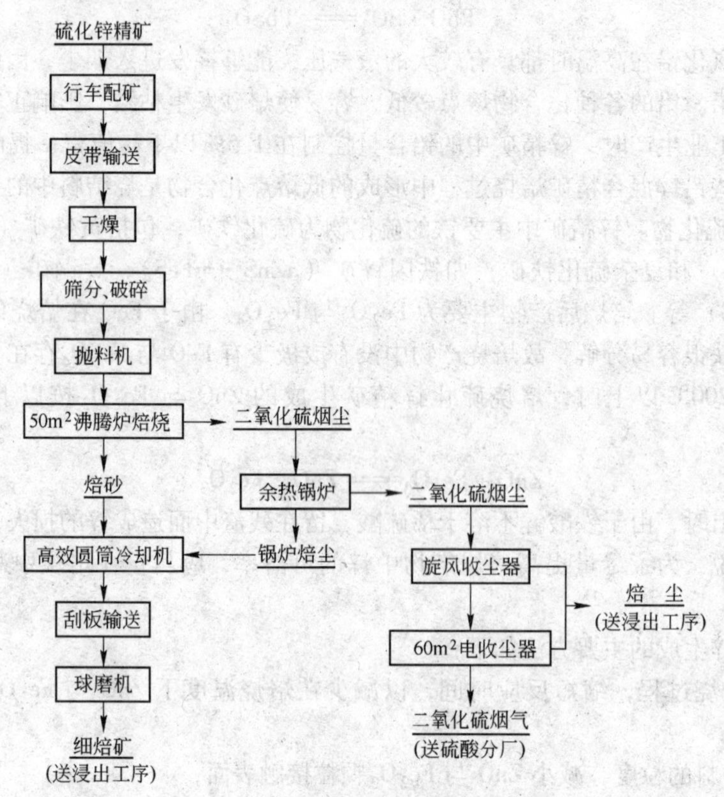

图 2－1 沸腾炉焙烧工艺流程图

从图 2－1 中可以看出，锌精矿经过配料、干燥、破碎、筛分，然后经过喂料设备，如抛料机送入沸腾炉内形成流化床，进行流态化焙烧，其中硫化锌大部分转变成氧化锌，而硫几乎都生成二氧化硫烟气，只有 2% ~3% 的硫呈硫酸盐状态，用以补偿浸出、电积过程中硫酸的损失，确保系统中硫的平衡。

焙烧后得到的焙砂经冷却和磨细后送浸出工序；烟气经余热利用和收尘后，含硫烟气送制酸，烟尘则送浸出工序。

2.3 沸腾焙烧炉及其附属设备

目前，采用的沸腾焙烧炉有带前室的直型炉、道尔型湿法加料直型炉和鲁奇扩大型炉三种类型，大多采用扩大型的鲁奇炉（又称为 VM 炉），图 2－2 所示为上部扩大的用于沸腾焙烧的鲁奇炉示意图。

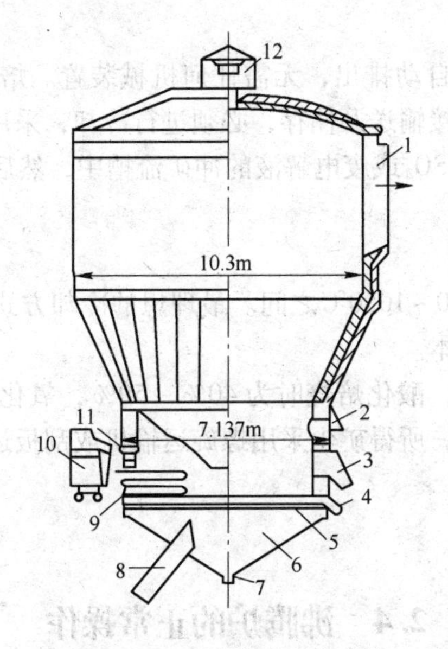

图2-2 上部扩大的鲁奇炉

1—排气道；2—烧油嘴；3—焙砂溢流口；4—底卸料口；5—空气分布板；6—风箱；7—风箱排放口；8—进风管；9—冷却管；10—高速皮带；11—加料孔；12—安全罩

2.3.1 沸腾焙烧炉的结构

沸腾炉由炉床、炉身、进风箱等构成。

(1) 炉床。在一块钢板上装有许多风帽，并在整个炉底板上填灌250mm厚的耐火混凝土，保证隔热，不致在高温下变形。风帽的作用是让空气均匀地送入沸腾层。对圆形炉，风帽的排列以同心圆排列合适，并运用伞形风帽。与菌形和锥形风帽相比，因其风眼在侧面，因此风眼不易堵塞，且顶盖较厚，不易烧穿。风帽一般用铸铁制造。

(2) 炉身。由钢板焊接而成，其高度由沸腾层高度，炉膛空间高度，拱顶高度组成。它必须保证细小的炉料在炉膛上部有充分的氧化时间，使其完成物化反应，有利于提高焙烧矿的质量及降低烟尘率。炉身的沸腾层处设有加料口，溢流口，工作门及冷却水套。上部设有排烟口，维持炉顶压力为零压或微负压。

(3) 进风箱。使气流进入分布板前各处压力分布均匀，起到预先分配的作用。

2.3.2 加料与排料系统

2.3.2.1 加料系统

当沸腾炉内风量及温度一定时，主要是通过控制加料量来维持炉内温度稳定在一定范围内。

(1) 干法加料。锌精矿预先干燥、破碎、筛分，然后用圆盘加料机加入炉内，是加料的常用方法。

(2) 湿法加料。将精矿混以25%的水，制成矿浆，经喷枪喷入炉内。其优点在于能利用矿浆的汽化热直接冷却沸腾层，控制温度较方便，但由于烟尘率相对增加（比干法多20%～30%），收尘复杂化，且炉气中含有大量水蒸气，使制酸困难，因而不常用。

2.3.2.2　排料系统

排料就是焙砂经溢流口自动排出，无需任何机械装置。焙砂的温度在 900～1050℃。对火法冶炼而言，因不能直接输送及储存，必须进行冷却，采用沸腾冷却箱冷却，而对湿法冶金，则可直接排入有 $ZnSO_4$或废电解液的冲矿流槽中，然后用泵送入浸出槽内。

2.3.3　炉气及收尘系统

炉气排出时，温度在 850～1050℃之间。最理想的冷却方式是利用废热锅炉，它可以产生大量蒸汽，降低生产成本。

沸腾焙烧的烟尘率很大，酸化焙烧时为 40%～50%，氧化焙烧时为 20%～25%，一般采用旋风收尘再经电收尘，所得矿尘采用螺旋运输机或刮板运输机输送，更好的可采用压风输送或真空输送。

2.4　沸腾炉的正常操作

下面以某厂 $50m^2$沸腾炉为例介绍沸腾炉的正常操作。

2.4.1　沸腾炉的开炉与停炉

2.4.1.1　烘炉

新炉或大修过的沸腾炉需要进行烘炉，需烘干砌体中的水分后才能正常生产，某厂 $50m^2$沸腾炉的烘炉升温曲线如图 2－3 所示。

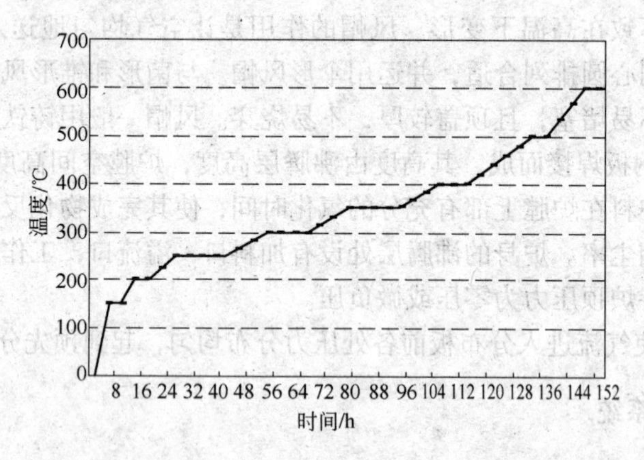

图 2－3　$50m^2$沸腾炉烘炉升温曲线

2.4.1.2　开炉

（1）开炉前的准备：

1）检查鼓风机、高温风机、上料系统、排料系统、烟气系统等运行是否正常。

2）锅炉系统充分打压，确保各阀门、法兰不漏水，上水正常。

3）检查升温油路、风系统正常完好。

（2）铺炉及冷试：

1）铺炉时全部用优质干焙砂，用量50～20t，如果条件允许，可以用其他沸腾炉生产的热焙砂铺炉，它可缩短升温时间，节约升温用柴油。

2）铺完炉后一定要进行冷沸腾试验，先开启高温风机，再开启鼓风机，鼓风量为28000～30000m^3/h，鼓风时间为10～15min。高温风机的转速根据炉内负压调整，应保持炉内为微负压，冷试验结束后，停下风机，对炉床进行认真检查，确认炉床平坦后方可点火升温。

(3) 点火升温：

1）点火升温前，先将油枪喷嘴清理好，并检查油泵、油路和油压（油压达到0.4～0.2MPa）以及助燃风是否正常。

2）点油枪时先开启高温风机，确保炉内为微负压。

3）升温过程按3个阶段进行。第一阶段，不鼓风升温，主要是调节好油压和助燃风，确保柴油燃烧充分，关注料层温度的变化，当料层表面温度达到850℃时可以进行下一阶段的操作；第二阶段，间歇性鼓风翻动底料升温，每4h进行一次大鼓风，风量24000～22000m^3/h，时间3min，并要求随时检查油枪燃烧情况，及时调整负压；第三阶段，连续鼓风升温，保持底料处于微沸腾状态，确保炉内底料均匀受热，温度持续上升，并且随着温度的上升逐步增加鼓风量，使炉内温度和沸腾状况接近正常生产状况。开始微沸腾时风量为7000～9000m^3/h，在底部温度达到700℃时逐步增加鼓风量。当底部温度稳定在800～820℃，鼓风量在13000～17000m^3/h时，准备投料。

4）准备投料前先通知硫酸厂做好接收烟气的准备，得到确认后方可投料；

5）在油枪升温过程中，当遇到沸腾炉底部温度较难升至800～820℃时，但又需要加快升温速度的情况下，可以在底部温度上升至700～750℃时，适量加200～800kg煤粉进行加速升温。

6）在升温过程中，如果油枪熄灭，一定要等炉内的油烟抽完后方可重新点火。

(4) 投料：

1）当底部温度稳定在800～820℃，鼓风量在13000～17000m^3/h时，准备投料。

2）投料时，要求投料、通烟气与撤油枪同时进行，由一人统一指挥，安排好人员，同时操作，保证投料后生成的二氧化硫烟气及时进入硫酸系统。

3）开始投料时料量控制在8～10t/h。

(5) 根据炉床压力及炉床风量逐步增风增料至正常：

1）锌精矿刚加入时，炉温会有小幅下降，约5～10min后会回升，随着温度的上升，逐步增加风量和料量到正常值。

2）关闭助燃风机和油泵，转入正常操作。

2.4.1.3 停炉

停炉分计划停炉和临时停炉（俗称焖炉）。

(1) 按照生产计划停产检修时即是计划停炉：

1）停炉前，打开观察门观察炉内的沸腾状况。

2）与余热锅炉，硫酸及精矿制备等岗位联系停止投料及送烟气的有关事宜。计划停炉时，务必将炉前料仓的料加空。

3）待SO_2浓度降至放空标准时，及时对烟气阀门进行切换。

4）停止鼓风后，对炉膛进行检查，发现异常情况及时处理，并反馈给有关部门人员。

5）待沸腾层温度降至150℃时，通知锅炉停送除盐水。

（2）临时停炉（俗称焖炉）：

1）确认操作风量在25000～30000m^3/h、温度在900℃以上，如果不在该范围内，要逐步进行调整。

2）接到焖炉指令后，立即断料、关炉门，继续鼓风，当沸腾层各点温度上升到最高点后，均下降20～100℃时，立即将鼓风量关到零，关闭高温风机，通知硫酸系统关闭送烟气蝶阀，密闭系统进行保温。

3）开炉恢复生产时，先通知硫酸系统打开送烟气蝶阀，开启高温风机，再开鼓风机，风量调到20000m^3/h以上，密切关注炉床压力，炉床压力大于10kPa时，立即逐步加料加风直到风量和温度正常。

4）如果炉床压力低于10kPa，要加大鼓风来解决，直到压力上升，各点温度有所变化，方可投料。

5）投料后，及时观察炉内温度升降情况，温度不升反降，说明加料量与风量不匹配，应及时缩风、调整料量，确保温度稳步上升，直至正常。

2.4.2　沸腾炉正常生产操作

沸腾炉正常生产操作情况如下：

（1）沸腾炉正常生产时，控制的鼓风量为22000～30000m^3/h，焙烧温度为820～1000℃，具体范围根据分厂的要求进行控制。

（2）正常操作要求做到鼓风量、温度、料量三稳定，正常情况下，不得随意调整鼓风，通过调整高温风机调整炉内负压，通过调整料量来稳定温度。

（3）高温风机的调整以炉内负压为准，确保炉内保持微负压（-20～+20Pa）。

（4）注意观察炉床压力的变化，如果炉床压力上升较多则要适当减少料量。

沸腾炉的操作，是根据仪表的指示来达到所规定的技术条件，因此操作简单，关键在于要做到“三稳定”：

（1）稳定鼓风量。风量的大小是根据炉子的生产能力决定的，一般无变化。

（2）稳定加料量。在固定风量的条件下，沸腾层的温度主要由加料量的均匀性决定。若料量不均匀，会引起温度的波动。烟气中SO_2浓度的变化，对焙烧质量及硫酸制造极为不利。

（3）稳定温度。炉顶温度在正常情况下与沸腾层温度相近，炉顶温度过高，说明精矿含水过低或粒度太细，会造成烟尘率上升。

2.5　沸腾炉生产故障及处理

2.5.1　系统停电

系统停电应立即通知硫酸系统以及相关岗位，力争不死炉，不烧坏炉内埋管及锅炉。

加料岗位应立即关闭抛料口处的闸板，锅炉工应确保汽包水位。来电后先确认锅炉水位正常，按先启动排风机，后启动鼓风机的顺序启动两台风机（不能带负荷启动），视炉内情况对炉内适量鼓风，根据炉内沸腾情况及温度情况决定是否抛料。如炉内沸腾状况良好，其中部温度高于250℃，则应及时加料，同时控制好风量、料量及炉顶负压，确保开炉成功，再逐步将风量增至正常值。若发现沸腾状况良好，但温度低于250℃，则应按操作规程同时点起三支油枪，按开炉升温的程序处理。如发现炉膛有烧结现象时，应及时果断地做以下处理：班长应快速组织力量，对抛料口处，排料口处的炉膛部分用钎子戳，压缩风吹，并适量调整风量，尽最大努力抢救炉子。若实在无办法改善沸腾状态时，则做停炉处理。停电时，一定要及时向调度室及相关部门汇报，以便信息及时反馈与传递。

2.5.2 鼓风机停电

鼓风机停电应立即停止加料，通知硫酸系统停止接收烟气，调节好炉顶负压，关注炉膛情况，及时向调度室联系，以便尽快恢复送电，如有备用电源应立即启用。来电后开大风，检查流态化床运行情况，当发现流态化层流态化不好，炉内出现局部结疤等情况时，应立即处理，经检查正常后，按开炉程序开炉。

2.5.3 排风机停电

排风机停电应立即缩风至微沸腾状况，同时对加料系统进行同步控制。来电后先空负荷启动排风机，然后带负荷运行，最后将鼓风量恢复正常。排风机停电时，可以考虑做停风保炉处理，即：立即断料、关炉门，继续鼓风，当沸腾层各点温度上升到最高点均下降20～100℃后，立即将鼓风量关到零，关闭高温风机，通知硫酸系统关闭送烟气蝶阀，密闭系统进行保温。排风机岗位则按有关设备维护规程进行操作，并及时与相关岗位和部门联系。停风时间在12h以内，恢复鼓风仍可使料层流态化并继续生产。

2.6 硫化锌精矿流态化焙烧的主要技术参数的确定

2.6.1 床能力的选择

床能力是指单位炉床面积在单位时间内处理的干精矿量，它是衡量冶金炉生产能力和生产强度的一个重要标志，是衡量炉子的一个重要参数，一般以每平方米每天的处理量为单位($t/(m^2 \cdot d)$)，它标志着炉子处理精矿能力的大小。床能力取决于沸腾层的线速度、鼓风量和沸腾层内温度。国内锌精矿沸腾焙烧炉床能力一般在5～7$t/(m^2 \cdot d)$，目前，锌精矿酸化沸腾焙烧炉的床能力已是一个成熟的参数，合理进行配料是稳定炉床能力的重要手段。

2.6.2 沸腾层高度的选择

沸腾层的高度近似地等于气体分布板至溢流口下沿的高度，一般由炉内停留时间、沸腾层的稳定性和冷却盘管的安装条件等因素确定。沸腾层的高度适当与否，对稳定流态化焙烧过程和保证产品质量有重要意义。沸腾层高度应满足下列条件：

（1）要保证精矿在炉内停留足够时间，使焙烧反应进行充分，以便获得符合要求的产品。

（2）使沸腾焙烧过程中有足够的热稳定性，当料量稍许波动时，炉内温度应稳定在规定的范围内，短时间停电、停风或停料时仍能够顺利开炉，而不需要重新点火。

（3）通常在确定流态化床层高度时，主要考虑流态化床应该具有一定的热稳定性和沸腾均匀性，炉子在正常生产时沸腾层是有起伏的。沸腾层高度一般由炉料在炉内停留时间，沸腾层的稳定性和排热装置的安装位置等因素确定。

锌精矿沸腾焙烧炉的沸腾层高度变化不大，通常确定为0.9～1.2m，可以通过降低沸腾层高度来提高床能力。

2.6.3 沸腾焙烧炉床面积

鲁奇式沸腾焙烧炉床面积主要取决于床能力和精矿处理量。实际生产实践过程中，可通过工艺计算从烟气量、炉膛有效高度、炉膛温度、炉膛面积、烟气停留时间等参数来计算沸腾焙烧炉炉床面积。目前，计算沸腾焙烧炉炉床面积的方法有两种。

（1）按床能力计算：

$$F = \frac{A}{a} \quad (\mathrm{m}^2)$$

式中 F——炉床面积，m^2；

A——每昼夜需要焙烧的干精矿量，t/d；

a——炉子单位生产率（床能力），$\mathrm{t/(m^2 \cdot d)}$。

（2）按风量平衡计算：

$$F = \frac{\alpha V_0 A(1+\beta t)}{86400u} \quad (\mathrm{m}^2)$$

式中 α——空气过剩系数；

V_0——焙烧干精矿所需的理论空气量（标态下），$\mathrm{m^3/t}$；

A——焙烧干精矿量，t/d；

t——沸腾层平均温度，℃；

u——沸腾层直线速度，m/s。

2.6.4 空气分布板的选择

2.6.4.1 空气分布板的设计及孔眼率的计算

空气分布板一般由风帽、箱形孔板及耐火泥衬垫构成。

分布板的设计应考虑：

（1）使进入床层的气体分布均匀，创造良好的初始流态化条件。

（2）有一定的孔眼喷出速度，一般为10～20m/s，使物料颗粒，特别是使大颗粒受到激发而湍动。

（3）具有一定的阻力，以减少沸腾层各处料层阻力的波动。

（4）应不漏料，不堵塞，耐摩擦，耐腐蚀，耐高温，不变形。

（5）结构简单，便于制造、安装和维修。

2.6.4.2 风帽形式及风帽个数

风帽焊接在空气分布板的孔眼上，根据炉型的不同，风帽的排列方式有同心圆排布、正方形棋盘式排布等，在大型炉上多采用正方形排布。

2.6.5 沸腾焙烧炉的其他部件

2.6.5.1 风箱

焙烧炉风箱处于炉子的下部，呈倒锥形，主要作用是使入炉的空气沿炉底均匀分布，要求有足够的容积。沸腾焙烧炉风箱容积的大小，可根据经验公式估算，并可结合炉子结构及工艺配置等情况调整以确定风箱容积。

2.6.5.2 排料口尺寸计算

排料口处于焙烧炉的沸腾层上，其高度一般为沸腾层高度，根据焙烧炉操作情况可调整排料口高度，例如，可以采用降低排料口高度来提高炉床能力。溢流口应设置清理口，溢流口孔洞高度由操作需要而定，一般为 300 ~ 800mm。某厂焙烧炉采用的是外溢流排料，物料经溢流口直接排出炉外，溢流口孔洞高度为770mm，溢流口宽度为390mm。

2.6.6 沸腾焙烧的产物

沸腾焙烧的产物主要是焙烧矿（包括焙砂及烟尘）和烟气。

2.6.6.1 焙烧矿

焙烧产物中溢流焙砂和烟尘总称为焙烧矿，可全部作为湿法炼锌的物料。某厂焙烧矿的成分如下：$S_{不}$（不溶硫，即金属硫化物中的硫）≤1.5%，$SiO_{2可}$≤3.8%，SO_2≥2.5%，烟气含尘（标态）≤300mg/m^3。其物理规格如下：球磨后，锌焙砂粒度 180μm 以下（-80 目）的达 100%，75μm 以下（-200 目）的达 80%。

2.6.6.2 烟气

烟气主要成分为 SO_2、O_2、N_2、H_2O、CO_2 等。一般焙烧烟气 SO_2 浓度为 8.5% ~ 10%，烟气出口含尘（标态）为 200 ~ 300g/m^3。

2.7 硫化锌精矿流态化焙烧的主要技术经济指标

硫化锌精矿流态化焙烧的主要技术经济指标如下：

（1）床能力。床能力指焙烧炉单位炉床面积每昼夜处理的干精矿量，一般为 5 ~ 7t/(m^2·d)。高温焙烧时为 2.5 ~ 8.0t/(m^2·d)。

（2）脱硫率。精矿在焙烧过程中氧化脱除进入烟气中的硫量与精矿中硫量的比例百分数。一般为 82% ~95%。

（3）焙砂可溶锌率。焙烧矿中可溶于稀硫酸的锌量与总锌量的比值，称为可溶锌率。一般为 90% ~95%。

（4）锌的回收率。焙烧矿与烟尘中回收的锌量与总锌量的比值，称为锌的回收率。一般大于 99%。

（5）焙砂产出率及烟尘率。焙砂产出率及烟尘率分别为 30% ~55% 和 20% ~40%（占处理量）。

某厂的技术经济指标如下：床能力≥5.5t/(m^2·d)，焙砂可溶锌率≥90%，烟尘可溶锌率≥91%，脱硫率为82%～89%，焙烧工序回收率≥99.5%。

复习思考题

2－1　硫化锌精矿焙烧的作用是什么？
2－2　硫化锌精矿焙烧的原理是什么？
2－3　沸腾焙烧过程中，应采取什么措施减少铁酸锌的生成？
2－4　硫化锌精矿焙烧正常作业的步骤及要求？
2－5　沸腾炉如何进行烘炉、开炉、停炉操作？

3 湿法炼锌的浸出过程

浸出是从固体物料中溶解一种或几种组分进入溶液的过程。在湿法炼锌生产中，是以稀硫酸（废电解液）作溶剂溶解含锌物料，如焙烧矿、氧化锌烟尘等物料中的锌。

浸出过程的目的：一是使物料中的锌尽可能地全部溶解到浸出液中，得到锌的高浸出率；二是使有害杂质尽可能地进入渣中，以达到与锌分离的目的。

酸性浸出是最大限度地把原料中锌的化合物溶解，使锌进入溶液，而铟等极少浸出，同时控制杂质进入溶液。中和除杂是借助水解法除去铁、砷、锑、锗、二氧化硅等杂质，使它们进入浸出渣中，因此，浸出工序具有使锌溶解和除去部分杂质的双重任务。其主要的化学反应如下：

$$ZnO + H_2SO_4 \longrightarrow ZnSO_4 + H_2O$$

$$CaCO_3 + H_2SO_4 \longrightarrow CaSO_4 + CO_2 \uparrow + H_2O$$

$$2FeSO_4 + MnO_2 + 2H_2SO_4 \longrightarrow Fe_2(SO_4)_3 + MnSO_4 + 2H_2O$$

$$Fe_2(SO_4)_3 + 6H_2O \longrightarrow 2Fe(OH)_3 \downarrow + 3H_2SO_4$$

3.1 湿法炼锌浸出过程的基本原理

锌焙砂的浸出过程是焙烧矿氧化物的稀硫酸溶解和硫酸盐的水溶解过程。Zn、Cu、Fe、Co、Ni 和 Cd 的氧化物均能有效地溶解，而 CaO 和 PbO 则生成难溶的硫酸盐沉淀。

$$CaO + H_2SO_4 \longrightarrow CaSO_4 \downarrow + H_2O$$

$$PbO + H_2SO_4 \longrightarrow PbSO_4 \downarrow + H_2O$$

实际生产中，终点 pH 值控制在 5.5 以下，从而除去浸出液中的 Fe、As 和 Sb，如果高于此值，就会生成 $Zn(OH)_2$ 沉淀，降低锌的浸出率，氧化物稳定区域如图 3－1 所示。

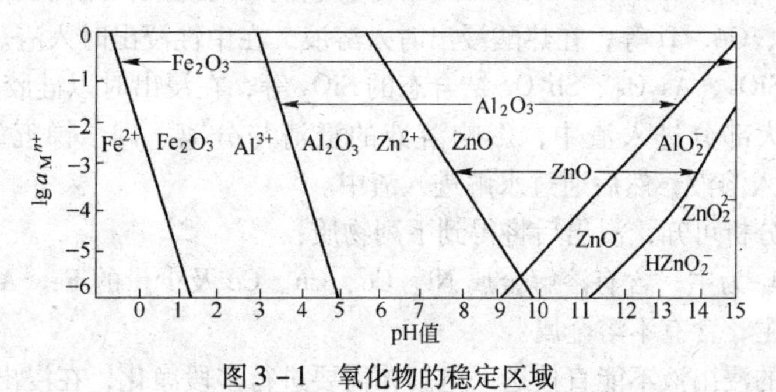

图 3－1 氧化物的稳定区域

3.1.1 焙砂中金属氧化物的浸出

锌焙砂中，锌及其他金属元素大部分以氧化物形态存在，少部分以铁酸盐、硅酸盐形态存在，在浸出时氧化物可能发生下列反应，生成相应的硫酸盐。

$$ZnO_{(s)} + H_2SO_{4(aq)} = ZnSO_{4(aq)} + H_2O$$

$$MeO + H_2SO_{4(aq)} = MeSO_{4(aq)} + H_2O$$

式中，Me 代表 Cu、Cd、Co、Fe 等金属。

由 $Zn-Me-H_2O$ 系的电位－pH 值图可知，MnO、CdO、CoO、NiO 发生水解的 pH 值均大于 ZnO，故在保证 ZnO 浸出的条件下，上述氧化物都能有效地被浸出。以下进一步研究 pH 值为 5 时，在 25℃下各种金属氧化物浸出反应进行的程度。

对二价金属而言，其浸出反应为：

$$MeO + 2H^+ = Me^{2+} + H_2O$$

$$\lg K = \lg a_{Me^{2+}} + 2pH$$

当 $\alpha_{Me^{2+}} = 1$ 时，

$$pH = pH^0,\ \lg K = 2pH^0$$

或

$$\lg a_{Me^{2+}} = 2(pH^0 - pH)$$

将 pH^0 值代入，则可计算出 pH 值平均为 5 时金属离子的平衡活度（见表 3－1）。

表 3－1　25℃，pH 值为 5 时溶液中某些金属离子的平衡活度

Me^{2+}	Co^{2+}	Ni^{2+}	Zn^{2+}	Cu^{2+}
$a_{Me^{2+}}$	10^5	$10^{2.12}$	$10^{1.6}$	$10^{-2.1}$

从表 3－1 可知，在 pH 值为 5 时，Co、Ni、Zn 的氧化物实际上能完全被浸出，而 Cu^{2+} 的活度可达 $10^{-2.1}$，故 Cu^{2+} 的平衡质量浓度将超过 0.5g/L。

中性浸出时，焙烧矿中各组分在浸出时的行为如下：

（1）ZnO、NiO、CoO、CuO、CdO 等，它们与硫酸作用生成 $MeSO_4$ 进入溶液。

（2）Fe_2O_3、As_2O_3、Sb_2O_3 等，它们与硫酸作用生成 $Me_2(SO_4)_3$ 进入溶液，然后通过水解大部分进入浸出渣。

（3）PbO、CaO、MgO、BaO，$PbSO_4$ 不入溶液，$CaSO_4$ 少量入溶液，$MgSO_4$、$BaSO_4$ 部分入溶液，虽这部分物质不进入溶液而绝大部分入渣，但它们消耗了硫酸，因此，不希望精矿中含量过高。

（4）ZnS、Fe_3O_4、SiO_2、MeS、Au、Ag 等，它们不与硫酸作用而入渣。

（5）Ga、In、Ge、Tl 等，在热酸浸出时入溶液，在中性浸出时入渣。

（6）MeO、SiO_2、As_2O_5、Sb_2O_5 结合态的 SiO_2 等，在浸出时以硅胶（H_2SiO_3）进入溶液，通过水解大部分进入渣中，影响溶液的澄清与分离。砷、锑五氧化物以正酸盐（如 $AsO_4{}^{3-}$）溶入溶液，然后通过水解进入渣中。

由以上讨论分析可知，浸出后将得到下列物质：

溶液以 $ZnSO_4$ 为主，含有溶解金属 Ni、Co、Cu、Cd 及少量的 Fe、As、Sb 和硅胶。

渣以脉石为主，含有不溶金属。

含杂质较多的浸出液不能直接送去电解，需要进行多段净化，在浸出过程中通过控制适当的终点 pH 值进行水解，可除去 Fe、As、Sb、Si 等杂质。

影响浸出速度的因素有以下方面：温度、矿浆搅拌速度、硫酸浓度、焙烧矿的性质、矿浆黏度。

高温高酸浸出时，铁酸锌的溶解条件为：温度 85～95℃，酸度 20～60g/L，此时锌的浸出率达95%上下，但溶液含 Fe >30g/L。

综上所述，在中性浸出阶段，若最终 pH 值控制在5左右，锌、钴、镍、镁等均可生成硫酸盐进入溶液，铅、钙的氧化物也可变成相应的硫酸盐，但 $PbSO_4$、$CaSO_4$ 的溶解度较小，在25℃时分别为 3.9×10^2g/L 和1.93g/L，因此 $PbSO_4$ 主要进入渣相，$CaSO_4$ 则部分溶解入浸出液。In_2O_3、Fe_3O_4、Ga_2O_3、SnO_2 等氧化物由于 pH^0 值很小，主要进入渣，银也主要进入渣相。

3.1.2 铁酸锌的浸出

在传统酸浸工艺条件（终点 H_2SO_4 的质量浓度为1~5g/L、温度80℃）下，$ZnO\cdot Fe_2O_3$ 仍难以浸出，渣中的锌主要以 $ZnO\cdot Fe_2O_3$ 形态存在，因此，提高浸出率的关键是解决 $ZnO\cdot Fe_2O_3$ 的浸出问题。

从热力学分析知：$ZnO\cdot Fe_2O_3$ 在25℃和100℃时的 pH^0 值分别为0.68和-0.15，故溶液硫酸的质量浓度应维持较高，不应低于30~60g/L，这就是前面提到的高酸高温热酸浸出的现代流程。

分离酸性溶液中金属离子的最简单方法是中和沉淀法，图3-2所示为298K下各种氢氧化物的 $\lg a_{M^{n+}}$-pH 值关系图。

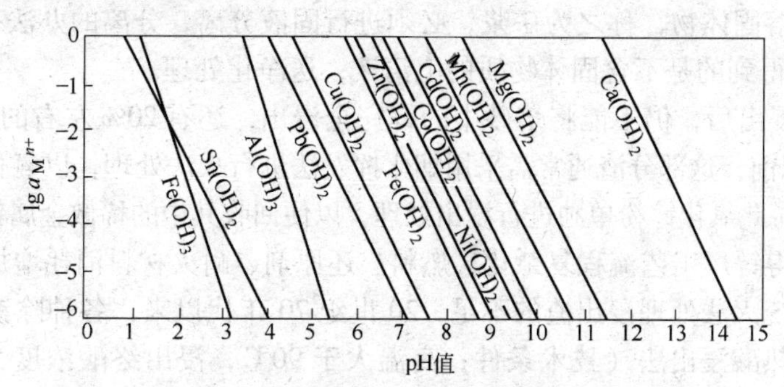

图3-2 氢氧化物 $\lg a_{M^{n+}}$-pH 值的关系图

3.2 湿法炼锌浸出过程的工艺流程

图3-3所示为锌焙砂浸出的一般流程。浸出过程分为中性浸出、酸性浸出和 ZnO 粉浸出。中性浸出过程中为了使铁和砷、锑等杂质进入浸出渣，终点 pH 值宜控制在5.0~5.2。

中性浸出的目的是使精矿中的锌化合物尽可能迅速而完全地溶于溶液中，而有害杂质如 Fe、As、Sb 等尽可能少地进入溶液。浸出后期控制适当的终点 pH 值，使已溶解的大部分 Fe、As、Sb 等水解除去，以利于矿浆的澄清和硫酸锌溶液的净化。

浸出的目的是尽可能快而完全溶解所要的成分，但实际上是不可能的，浸出后所得的固体残渣（浸出渣）还含有20%左右的锌，此类渣必须进一步处理以提取其中的锌及有价金属。

酸性浸出的目的是使中性浸出渣中以 ZnS、$ZnO\cdot Fe_2O$ 形式存在的锌尽可能溶解出来，以便提高锌浸出率。

在浸出过程中，一方面锌的化合物溶解不完全，另一方面精矿中的一部分杂质（Fe、

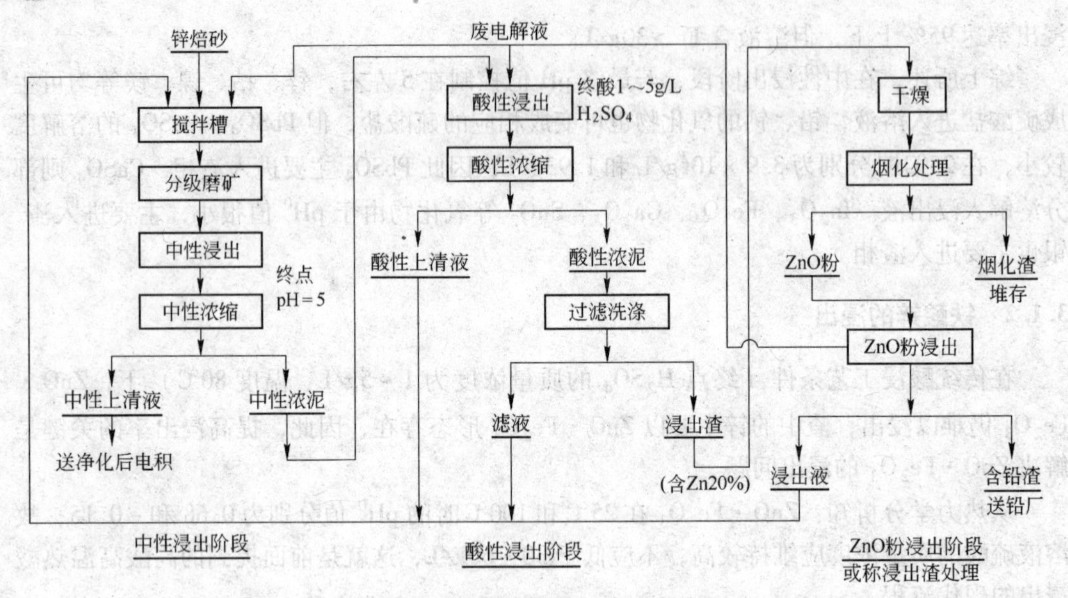

图 3-3　锌焙砂浸出的一般工艺流程

Cu、Cd、As、Sb）在很大程度上也溶解在溶液中，因此，浸出的结果是得到一种含多种杂质的溶液和不溶固体物，称之为矿浆，必须进行固液分离，分离的办法有：（1）浓缩；（2）过滤。最后得到的是不含固体物质的上清液，送净化处理。

经上述两次浸出后，仍不能将焙砂中的锌完全浸出，还有20%左右的锌残留于渣中。20 世纪 70 年代以前，这部分渣通常需采用烟化挥发法进行火法处理，以氧化锌粉形态回收渣中的不溶锌，对此氧化锌粉单独进行浸出处理，以便回收其中的稀散金属铟。火法回收浸出渣中不溶锌使得锌厂工艺流程复杂化，燃料、还原剂、耐火材料消耗增加，成本上升。

为了解决传统火法处理浸出渣的不足，20 世纪 70 年代以来，各种除铁方法相继研制成功，如锌焙烧热酸浸出法（技术条件：高温大于 90℃，浸出终酸浓度大于 30g/L）得到广泛应用，该法具有锌浸出率高（大于 90%）、渣量低、铅和贵金属在浸出渣中富集率高等优点。现广泛采用的热酸浸出流程如图 3-4 所示。

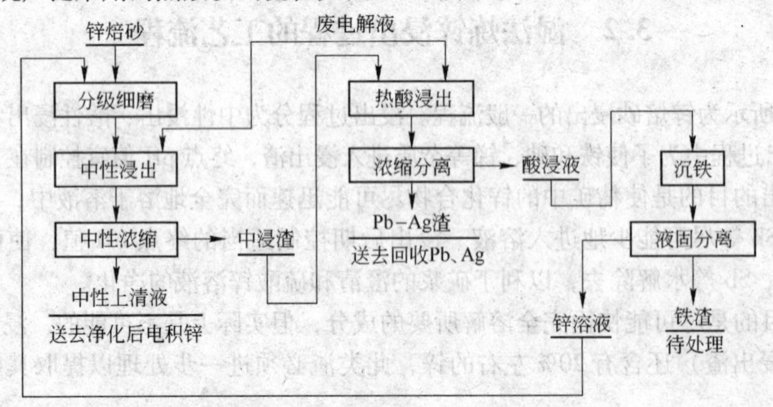

图 3-4　中浸渣部分热酸浸出流程图

锌焙烧热酸浸出法的缺点在于会使大量的铁、砷等杂质进入浸出液，使铁的含量高达 30g/L 以上，不适于再采用传统的中和水解法除铁（大量 $Fe(OH)_3$ 胶状沉淀物会使中性浸出矿浆难以沉降、过滤及洗涤，甚至固液两相无法分离)，而代之以黄钾铁矾法、转化法、针铁矿法、赤铁矿法等新方法。

下面就几种除铁新方法作简要介绍。

3.2.1 黄钾铁矾法

黄钾铁矾法是经中性浸出和酸性浸出后的浸出渣含锌仍在17% ~20%，分析表明，渣中锌的主要形态为$ZnFe_2O_4$，占60% ~90%和ZnS，占1%左右。

研究表明，铁酸锌在85 ~95℃的高温下，硫酸浓度为200g/L时能有效地溶出，浸出率达到95%以上。如采用加压浸出的方法，在200℃、101.325 ~202.650kPa、180g/L的H_2SO_4条件下，可使渣中锌降至0.5% ~1.0%以下。

热酸浸出时有95% ~96%的锌被溶解，但同时也有90%的铁被溶解，如果用通常的水解法沉铁，由于有大量的胶状铁质生成，难以进行沉淀过滤，而当溶液中有碱金属硫酸盐存在时，在pH值为1.5左右、温度为90℃以上时，会生成一种过滤性良好的结晶－碱式复式盐沉淀。

经X射线衍射分析，得知此种结晶与天然的黄钾铁矾结构非常相似，所以把这种复式盐通称为黄钾铁矾结晶。

生成黄钾铁矾结晶的反应为：

$$3Fe_2(SO_4)_3 + 2(A)OH + 10H_2O = 2(A)Fe_3(SO_4)_2(OH)_6 + 5H_2SO_4$$

式中，A为K^+、Na^+、NH_4^+、Ag^+、Rb^+、H_3O^+和$1/2Pb^{2+}$。这几种碱金属离子中K^+的作用最佳，Na^+、Rb^+稍差。溶液中的一部分Fe^{2+}需氧化成Fe^{3+}，氧化剂可用MnO_2。

黄钾铁矾法的主要优点是：生成的黄钾铁矾为晶体，易过滤洗涤；铁矾中只含少量的Na^+、K^+、NH_4^+等，所以试剂消耗少；铁矾沉铁过程中产生的硫酸比生成氢氧化铁或氧化铁少，所以中和剂用量少，对有硫酸积累的工厂有利。

黄钾铁矾法流程如图3－5所示。

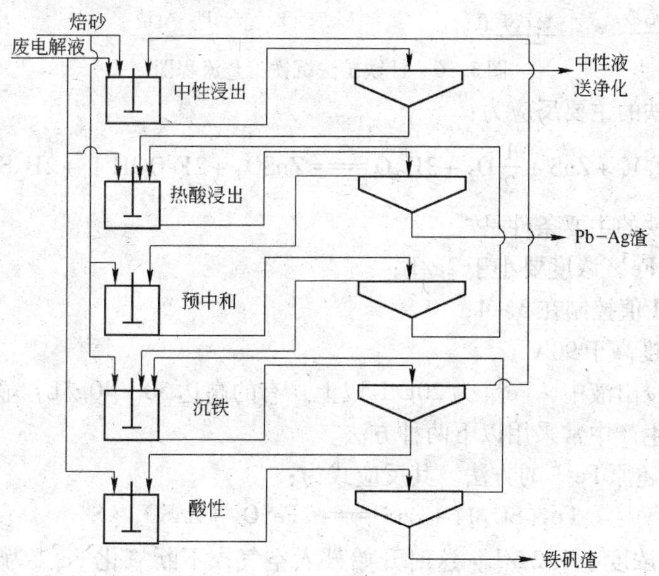

图3－5 黄钾铁矾法工艺流程图

3.2.2　转化法

转化法是一种改进的黄钾铁矾法，该法的特点在于使溶液中的三价铁离子浓度高于平衡曲线，在大气压下浸出铁酸锌并同时除铁。其主要反应包括铁酸锌的浸出和沉铁。

$$3MO \cdot Fe_2O_3(\text{固}) + 12H_2SO_4 = 3MSO_4(\text{液}) + 3Fe_2(SO_4)_3(\text{液}) + 12H_2O$$

$$3Fe_2(SO_4)_3(\text{液}) + xA_2SO_4(\text{液}) + (14-2x)H_2O =$$
$$2(A)_x(H_3O)_{1-x}[Fe_3(SO_4)_2(OH)_6](\text{固}) + (5+x)H_2SO_4$$

反应式中，M 代表 Zn、Cu、Cd；A 代表 Na^+、K^+、$NH_4{}^+$ 等离子。该法的缺点是无法分离出 Pb - Ag 渣，所以只适于处理含铅低的物料。

3.2.3　针铁矿法

针铁矿法的工艺流程如图 3-6 所示。

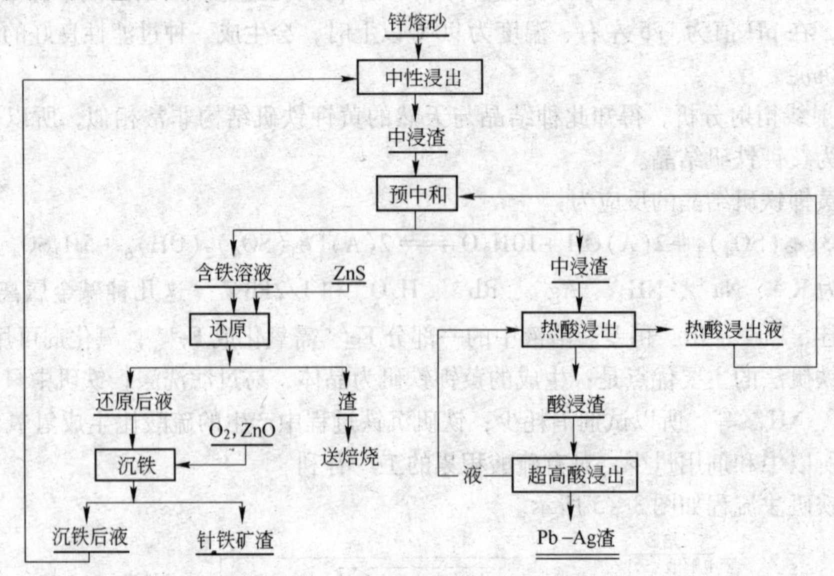

图 3-6　针铁矿法沉铁工艺流程图

针铁矿法沉铁的主要反应为：

$$Fe_2(SO_4)_3 + ZnS + \frac{1}{2}O_2 + 3H_2O = ZnSO_4 + 2FeOOH\downarrow + 2H_2SO_4 + S^0$$

针铁矿法沉铁的主要条件是：

(1) 溶液中 Fe^{3+} 浓度要小于 2g/L；

(2) 溶液 pH 值控制在 3～4；

(3) 溶液温度高于 90℃。

实际的热酸浸出液中，Fe^{3+} 为 20g/L 以上，有的高达 30～40g/L，显然不能直接沉针铁矿，为此实际生产中常采用以下两种方法。

(1) 用 ZnS 还原 Fe^{3+} 的方法。其反应式为：

$$Fe_2(SO_4)_3 + ZnS = 2FeSO_4 + ZnSO_4 + S^0$$

结果使 Fe^{3+} 浓度小于 2g/L，这时开始鼓入空气，不断氧化 Fe^{2+} 为 Fe^{3+}，同时中和溶液，控制 pH 值在 3～4 之间，就可连续生成针铁矿。生成针铁矿的速度足以保证 Fe^{3+}

的浓度一直小于2g/L。

(2) 通SO_2方法。在热酸浸出过程中就通入SO_2气体进行还原，直接得到Fe^{2+}溶液，这样在沉铁过程中就不用再还原Fe^{3+}了。

针铁矿除铁法的优点是：

(1) 沉铁较完全，沉铁后溶液中含铁小于1g/L；

(2) 沉铁得到的针铁矿晶体的过滤性能好；

(3) 沉铁过程中不需要加入其他试剂。

其缺点是：

(1) 溶液中Fe^{3+}的还原和Fe^{2+}的氧化过程，操作比较复杂；

(2) 在渣的存放过程中，渣中的一些离子，如SO_4^{2-}，有可能渗漏，造成污染。

3.2.4 赤铁矿法

赤铁矿沉铁反应式为：

$$Fe_2(SO_4)_3 + 3H_2O \xlongequal{} Fe_2O_3\downarrow + 3H_2SO_4$$

当沉铁温度为473K、1823.85~2026.5kPa压力下、在高压釜中反应3h后，沉铁后液中含铁1~2g/L，沉铁率达90%。温度越高越有利于赤铁矿的生成。

赤铁矿沉铁的优点是：赤铁矿中含铁达58%，可作为炼铁原料；渣的过滤性能好；可从渣中回收Ga和In。缺点是设备投资高。日本的坂岛冶炼厂采用赤铁矿沉铁除铁，其工艺流程见图3-7。

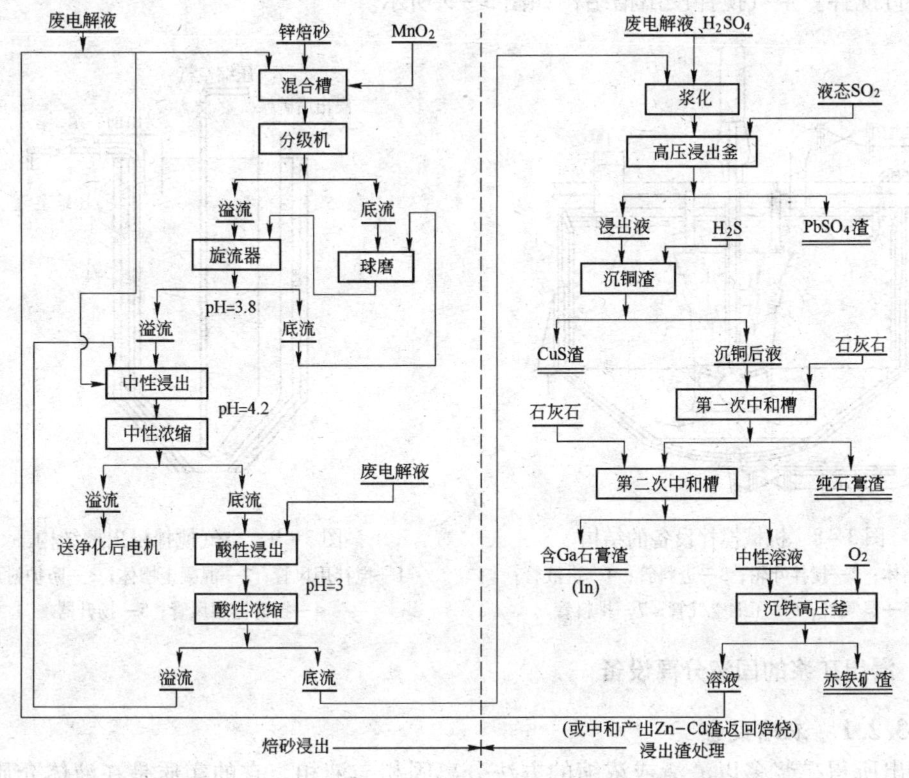

图3-7 赤铁矿沉铁工艺流程图

3.3　浸出过程的设备及工作原理

3.3.1　浸出槽

浸出槽是浸出的重要设备，浸出槽的容积一般为 50 ~ 100m^3，目前趋向大型化，120 ~ 400m^3 的大型槽已在工业上应用。浸出槽分为机械搅拌槽和空气搅拌槽，机械搅拌槽借助动力驱动螺旋桨来搅拌矿浆，空气搅拌槽则是借助压缩空气来搅拌矿浆。

槽体通常用混凝土或钢板制成，内衬耐酸材料，如铅皮、瓷砖、环氧玻璃钢等。实践证明，采用空气搅拌时，设备结构较简单，防腐易解决，但动力消耗大，机械搅拌则设备结构较复杂，但动力消耗不到前者的1/2。

立式机械搅拌罐是锌湿法冶炼浸出生产过程中应用最广泛的搅拌罐类型，该种设备可在常压下操作，也可在加压的情况下操作，这种中小型搅拌罐已在国内标准化，可进行系列生产。

立式机械搅拌罐由搅拌装置、罐体及搅拌附件三部分组成。立式机械搅拌罐的结构如图 3 - 8 所示。

锌焙砂浸出大型搅拌罐的罐体多采用混凝土捣制外壳，内衬防腐材料如环氧玻璃钢、耐酸瓷砖（或板）等。

空气搅拌槽又称帕秋卡槽，一般直径为 4m，槽深 10.5m，槽体为钢筋混凝土捣制而成，内衬耐酸材料，槽底为锥形，设有底阀处理事故和捣槽，从槽底部引入气体，对槽内矿浆进行搅拌。空气搅拌浸出槽结构如图 3 - 9 所示。

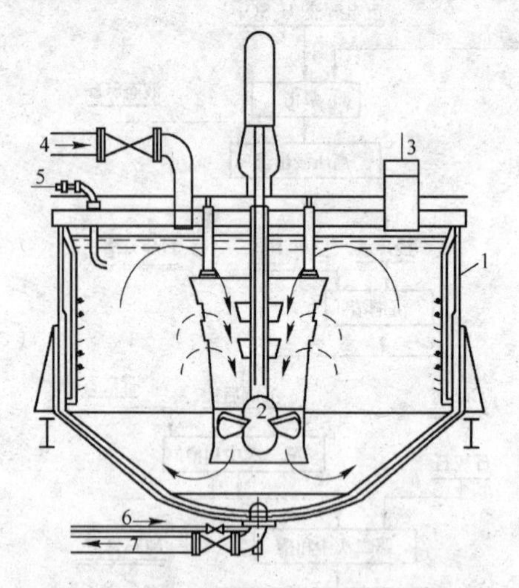

图 3 - 8　机械搅拌设备的结构

1—槽体；2—搅拌叶轮；3—进料管；4—进液管；5—蒸气管；6—压缩空气管；7—排料管

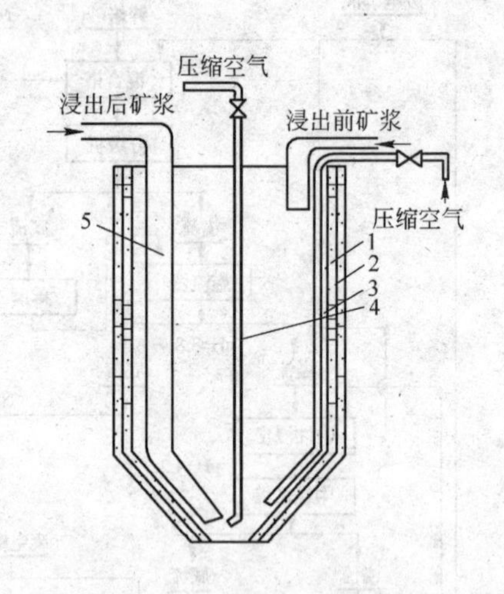

图 3 - 9　空气搅拌浸出槽结构

1—搅拌用风管；2—混凝土槽体；3—防护衬里；4—扬升器用风管；5—扬升器

3.3.2　浸出矿浆的固液分离设备

3.3.2.1　浓缩设备

浸出所得矿浆多以澄清或浓缩的方法分离固相与液相，它的实质是在液体介质中沉淀固体粒子。浓缩槽为圆锥形，如图3 - 10所示，槽体为钢筋混凝土，并衬以铅皮等耐

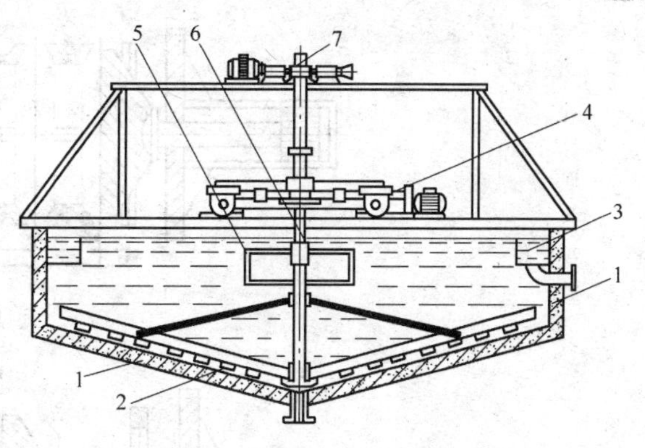

图 3－10 浓缩机结构

1—槽体；2—耙臂；3—溢流沟；4—传动装置；
5—缓冲圆筒；6—中心轴；7—提升装置

酸材料，槽底为锥形，形成漏斗，这样的底能使已沉降的固体物料移向中间。浓泥自锥底孔排出，浓缩槽装有一带有耙齿的十字臂组成的特殊机构，以搅拌沉落在槽底的粒子，便把沉落的粒子移向中间。

浸出所得矿浆送入淹在澄清液内的给料圆筒内，其底装有筛板，不致把澄清液搅浑，澄清的上清液通过位于浓缩槽上部边缘的溢流槽放出。聚集于中间的浓泥用砂泵抽出或用其他方法排出，中性浸出后的浓泥送二次酸浸，上清液送净化，二次浸出的上清液送球磨机，浓泥送往过滤。

3.3.2.2 过滤设备

过滤是浸出后浓泥固液分离的一种方法，凡是矿浆悬浮物中，固体微粒不能在适当时间内以沉降法得到分离时多采用过滤法，其目的是分离矿浆悬浮液中所含固体微粒，得到较清的溶液。

过滤的基本原理是利用具有毛细孔的物质作为介质，在介质两边造成压力差，产生推动力，使液体从细小孔道通过，而悬浮固体则截留在介质上。

在湿法炼锌中，常采用的过滤介质为白斜纹棉布或帆布和涤纶布。

根据过滤介质两边压力差产生的不同方式，过滤机可分为压滤机（正压力）与真空过滤机（负压力），目前，在湿法炼锌中主要使用的是压滤机。压滤机适用于过滤黏度大、固体颗粒细、固体含量较低、难过滤的悬浮液，也适用于多品种、生产规格不同的场合。

板框压滤机如图 3－11 所示。

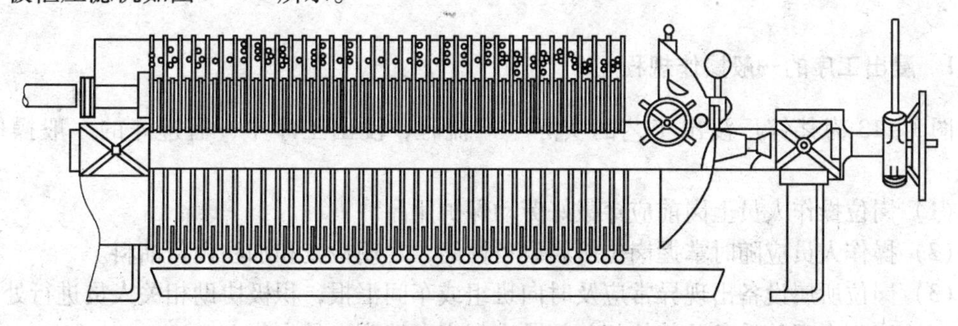
图 3－11 板框压滤机示意图

箱式压滤机如图 3－12 所示，它以滤板的棱状表面向里凹的形式来代替滤框，这样在相邻的滤板间就形成了单独的滤箱。图 3－12（a）为打开情况，图 3－12（b）为滤饼压干的情况。

其进料通道与板框式压滤机所采用的不同，滤箱通过在每个板中央相当大的孔连通起来，而滤布用螺旋活接头固定，滤板上有孔。

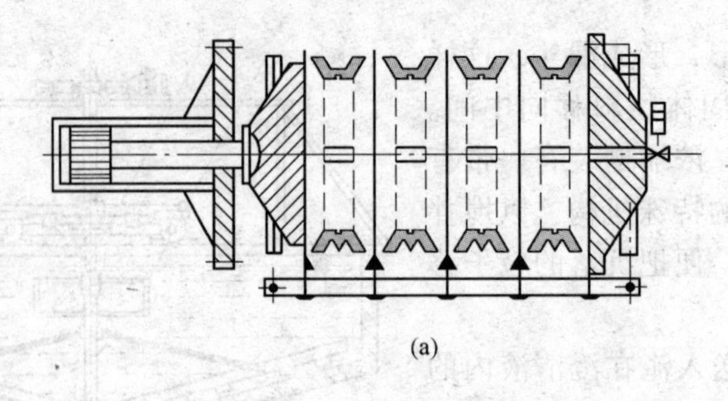

(a)

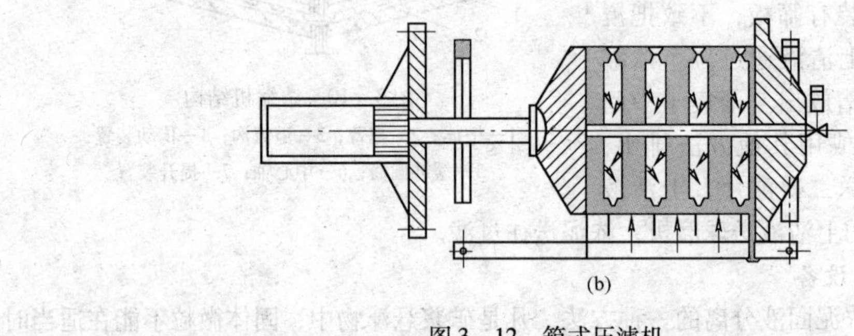

(b)

图 3－12　箱式压滤机

(a) 打开的情况；(b) 滤饼压干的情况

为了压干滤饼，在每两个滤板中夹有可以膨胀的塑料袋（或可以膨胀的橡皮膜），当过滤结束时，滤饼被可膨胀的塑料袋压榨，降低其液体含量。

自动压滤机包括自动板框压滤机和自动箱式压滤机，它们的最大特点是既保留了板框压滤机所具有的能处理各种复杂物料的特点，又借助于机械、电器、液压、气动等实现了操作过程的全部自动化，从而消除了繁重的体力劳动，提高了设备的生产能力，但其缺点是结构复杂，更换滤布麻烦，滤布损耗大，这需进一步的改进。

3.4　浸出操作实践

3.4.1　浸出工序的一般操作规程

图 3－13 为某锌厂浸出工艺的实际生产流程，浸出工序中，需遵守的一般操作规程是：

(1) 岗位操作人员上岗前应穿戴好劳动保护用品。

(2) 操作人员应随时掌握岗位所属设备性能，定期检查和加注设备油料。

(3) 岗位所属设备出现异常应及时向班组或车间汇报，积极协助相关人员进行处理。

(4) 当班出现的设备及其他相关问题应如实向接班人员交代。

(5) 随时做好岗位所属设备、工作场地的清洁卫生工作。

(6) 认真做好交接班记录。

3.4.2　岗位操作

3.4.2.1　氧化槽岗位

氧化槽岗位操作：

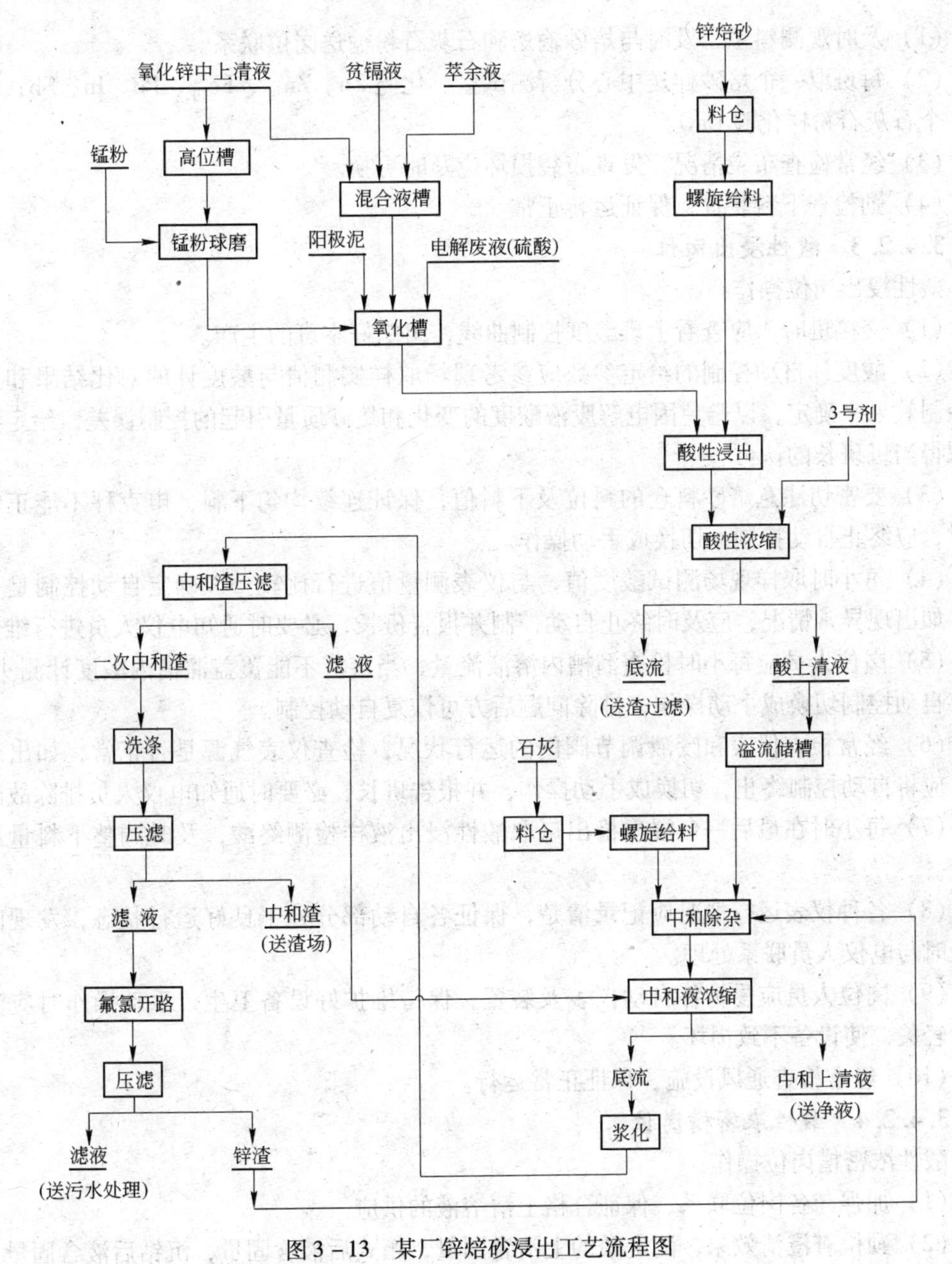

图3-13 某厂锌焙砂浸出工艺流程图

(1) 检查矿浆管道阀门和矿浆浓度，确保矿浆的连续加入。

(2) 接班后，在氧化槽出口取一次氧化后液样，化验 H^+、$Fe_{全}$、Fe^{2+}、As、Sb、Ge 的含量。

(3) 加强与上下岗位联系，保证各种溶液均匀进入。

(4) 每小时检查一次酸度及 Fe^{2+} 含量，保证氧化液含酸、Fe^{2+} 符合相关标准的规定。

3.4.2.2 给料岗位

给料岗位操作：

（1）及时观测料位，及时与焙砂输送和石灰石粉输送岗位联系。

（2）每班取一个焙砂样送中心分析测试室，化验 Zn、$Zn_{可}$、$Fe_{可}$、Pb、In、Sb；每天取一个石灰石粉样化验 CaO。

（3）经常检查布袋情况，发现布袋损坏应及时更换。

（4）勤检查下料装置，保证运转正常。

3.4.2.3　酸性浸出岗位

酸性浸出岗位操作：

（1）交接班时，应查看上班酸度控制曲线，组织好本班的生产。

（2）酸度计自动控制的给定参数应参考现场取样实测值与酸度计的对比结果和上班的控制效果来确定，以避免因电解废液酸度的变化和焙砂质量引起的控制误差，给定参数应取得当班班长的认可。

（3）要密切注意焙砂料仓的料位及下料值，保证连续均匀下料，申克秤不能正常运行时，应终止自动控制，切换成手动操作。

（4）每小时取样现场测试酸度值，与仪表测量值进行比较，以确定自动控制是否正常，如出现异常情况，应及时终止自动控制并报告班长，必要时通知电仪人员进行维修。

（5）岗位人员应每小时检查溜槽内溶液流量，当溶液不能覆盖溜槽内酸度计测头时，应将自动控制切换成手动操作，排除问题后方可恢复自动控制。

（6）经常检查仪表和废液调节阀门的运行状况，检查仪表气源是否正常，如出现异常，应将自动控制终止，切换成手动操作，并报告班长，必要时通知电仪人员排除故障。

（7）每小时在最后一台浸出槽出口取酸性浸出液样检测终酸，及时调整下料量或废液量。

（8）各种仪表运行情况应记录清楚，保证各自动部分处于良好运行状态，发现问题应及时与电仪人员联系处理。

（9）岗位人员应爱护各自动仪表及装置，保持维护好设备卫生，手动操作时应注意轻开轻关，使设备不致损坏。

（10）经常检查通风设施，保证正常运行。

3.4.2.4　酸性浓密槽岗位

酸性浓密槽岗位操作：

（1）加强与各岗位联系，保证合格上清溶液的供应。

（2）勤检查澄清效果，测定酸的上清含固量，箱式后液含固量，沉钴后液含固量。

（3）每 2h 取酸性浸出液，分析 As、H^+、Fe^{2+}。

（4）交接班及班中测定上清线，上清线小于 1m 时，应通知增加 3 号凝聚剂量。

（5）保证溢流沟畅通、无杂物。

（6）排放酸性浸出浓缩底流应连续均匀，中和除杂浓密底流每班排渣 8 ~ 12 次，每次不超过 15min，测定中、酸性底流密度，保证符合标准。

（7）各种泵和阀门要经常检查，保证使用正常。

3.4.2.5　3 号凝聚剂岗位

3 号凝聚剂岗位操作：

（1）每槽加水至槽体的 80%，再加入 3 号凝聚剂，然后开蒸汽加温搅拌，待完全溶解后待用。

（2）每班交班必须保证储槽内有2/3以上体积的3号凝聚剂。

（3）主动与浓缩槽岗位联系，保证3号凝聚剂的供应。

（4）根据浓密情况调整各3号凝聚剂高位槽的流量。

3.4.2.6 中和除杂岗位

中和除杂岗位操作：

（1）交接班时，应查看上班pH值曲线，并对每个pH值测点用试纸检测，与上班pH值及当前pH值计量示值进行对比，如偏差超过规定0.5～1范围，应及时通知电仪人员处理。

（2）pH值自动控制的给定参数应参考试纸与pH值计的对比结果和上班的控制效果来确定，以避免溶液酸度的变化和石灰石粉的质量引起的控制误差；给定参数应取得当班班长的认可。

（3）要密切注意石灰石粉料仓的料位及下料数值，保证连续均匀下料，申克秤不能正常运行时，应终止自动控制，切换成手动操作。

（4）每小时应用试纸现场测试pH值，与仪表测量值进行比较，以确定自动控制是否正常，如出现异常情况，应及时终止自动控制并报告班长，必要时通知电仪人员维修。

（5）岗位人员应每小时检查中和除杂溜槽内溶液流量，当溶液不能覆盖溜槽内pH值计测头时，应将自动控制切换成手动操作，排除问题后方可恢复自动控制。

（6）经常检查仪表和废液调节阀门的运行状况，检查仪表气源是否正常，如出现异常，应将自动控制终止，切换成手动操作，并报告班长，必要时通知电仪人员排除故障。

（7）岗位人员应爱护各自动仪表及装置，保持维护好设备卫生，手动操作时应注意轻开轻关，使设备不致损坏。

（8）各种仪表运行情况应记录清楚，保证各自动部分处于良好运行状态，发现问题应及时与电仪人员联系处理。

（9）经常检查通风设施，保证正常运行。

3.4.2.7 中和除杂浓密槽岗位

中和除杂浓密槽岗位操作：

（1）加强与各岗位联系，保证合格中上清液的供应。

（2）勤检查澄清效果，测定上清液含固量。

（3）每2h取中和浸出液，分析As、Fe^{2+}。

（4）每30min检查一次中和浓密槽进、出口pH值。

（5）保证溢流沟畅通、无杂物。

（6）排放酸性浸出浓缩底流应连续均匀，中和除杂浓密底流每班排渣8～12次，每次不超过15min，测定中性底流密度，保证符合标准。

（7）各种泵和阀门要经常检查，保证使用正常。

3.4.2.8 低压脉冲收尘器（由给料岗位负责）

A 开机操作

（1）闭合程序运行开关（红灯亮），选择需要清灰的1号～3号收尘器系统（红灯亮）；将BMC－4电脑控制柜投入运行，运行方式为定压差工作方式（红灯亮），显示仪表指示收尘系统各运行参数。

（2）启动无热再生式压气干燥器，打开供气系统总阀及通向收尘设备气包的所有进气阀门，供气系统开始工作。

（3）按下风机启动按钮，风机启动。

（4）收尘系统投入运行。

B　换袋操作

由于布袋破损而导致风机烟囱含尘浓度明显增加需更换布袋时，则需按如下操作：

（1）按下风机停止按钮，停止风机运转。

（2）关闭气包进口的阀门。

（3）揭开该收尘器顶盖，确定破袋（布袋袋口积的粉尘明显多于其他袋口的为破袋）。

（4）卸下喷吹管，抽出布袋框架，将破袋卸下（注意：不要落入料仓），并重新装好新袋及框架，在放置框架的过程中，应尽量保持框架与花板面垂直，不得偏斜，并尽可能不脚踩框架上口，以免框架变形脱落。

（5）重新安装固定好喷吹管，应尽量保证每个喷吹孔中心与滤袋中心同轴，不得错位和偏斜，同时严格确保喷吹管安装牢固。

（6）检查并清理仓室内的杂物，盖严顶盖。

（7）打开气包进口阀门。

（8）重新启动风机。

C　停机操作

（1）按下风机停止按钮。

（2）为避免因停机时间太长，粉尘板结在布袋上，收尘器应在“定时”工作状态下（红灯灭）连续清灰四周。

（3）关闭供气系统总阀门，关闭无热再生式压气干燥器电源开关，供气系统停止工作。

（4）依次断开低压配电及电脑控制柜控制电源开关及总电源开关。

（5）收尘系统即停止运行。

3.4.2.9　程控隔膜过滤岗位

（1）接班后应检查储槽内矿浆储量，发现问题应通知上道工序。

（2）每班首次启动压滤机前，应先检查压滤机各阀门是否在正确状态，压滤机各系统是否运转正常，确认无误后，用手动方式点动控板器，看其是否运转灵活、正常，滤室是否密闭，滤布是否完好，各机械电器部分确认无异常后方能开车。

（3）隔膜过滤机操作程序为：

压紧滤板→进料过滤→开泵进料压滤→压榨→吹干滤饼→开板卸料。

1）自动操作：

将“运行方式”旋钮置于“自动”位置，各手动旋钮均置于“停”位置；

按“清零”按钮。

按“启动”按钮，此时“自动”灯亮，过滤机按以上操作程序执行操作，完成一个周期，至此整个循环自动操作结束。

卸料操作：卸料→清零→启动→卸料。

2）手动操作：

将“运行方式”旋钮置于“手动”位置，各手动旋钮均置于“停”位置。

按“启动”按钮，此时“手动”灯亮，按照前文所述在电控柜面板上分别操作各手动旋钮，完成过滤机的整个循环工作。

在过滤机有故障或调试时，亦可分别操作各手动旋钮启、停相应的泵、阀门、电机等。

（4）压滤过程中经常检查滤液出口流量及浑浊情况，发现断流、浑浊应及时检查滤布是否破损并更换。

（5）运行、卸料过程中注意滤饼厚度、含水等情况，发现问题及时分析原因并采取措施。

（6）经常检查各压力表变化情况，发现异常及时通告有关部门处理。

（7）及时联系汽车将渣斗内中和渣运走。

3.4.2.10 锰矿球磨岗位

锰矿球磨岗位操作：

（1）接班查看上班记录，了解生产情况，逐一检查每台设备是否完好。

（2）准备。料仓开启排风机、装足锰粉，倒锰粉时注意拣出破布、砖头等杂物，以免损坏圆盘给料机。高位槽进满溶液，检查其出液阀是否畅通，听候浸出岗位通知，及时送锰矿浆。

（3）送矿浆操作程序。电话通知受料单位→接到对方回电话后立即开液阀→启动圆盘给料机→开送液泵阀→启动矿浆泵→调控中间槽液面→调节矿浆浓度→检查设备运行情况→停送。

停送操作程序：停圆盘给料机→关闭高位槽出液阀→关闭废液阀→停送矿浆泵。

（4）早、中班负责接收锰矿粉，锰矿粉包装箱须堆放在厂房内，以免淋雨结块。

（5）使用吊车，应按吊车的技术操作规程、设备维护规程、安全生产规程操作。

（6）工作结束后打扫现场卫生、填写记录。

3.4.2.11 压滤及洗渣浆化岗位

压滤及洗渣浆化岗位操作：

（1）接班后应检查储槽内矿浆储量、温度及矿浆密度等情况，及时调整矿浆浓度等条件。

（2）每班首次启动压缩机前，应先检查压滤机各阀门是否在合适的位置，压滤机各系统是否运转正常，确认无误后，用手动方式点动控板器，看其是否运转灵活，滤室是否密闭、滤布是否完好，各机电部分确认无异常后方能开车。

（3）第一周期采用手动操作，进料前，先启动压滤泵，然后慢慢打开进料阀，检查滤板是否泄漏，如正常则可全部打开进料阀。第一个压滤周期完毕后，应对其滤饼厚度、水分含量进行检测，根据检测结果，随时调整相应过滤条件，手动操作正常后，即可将控制器转入自动装置。

（4）压滤过程中经常检查滤液出口流量及浑浊情况，发现断流、浑浊应及时检查滤布并更换。

（5）运行过程中注意观察滤饼厚度、含水等情况，发现问题及时分析原因并采取措施。

（6）经常检查各压力表变化情况，发现异常及时通知有关部门处理。

（7）根据过滤阻力变化情况，适时对滤布进行洗涤，如滤布结垢严重经多次洗涤无效时，应换新布。

（8）每班取一次混合滤渣按工艺要求测定水分和相关元素。

3.4.2.12 氟氯开路及压滤岗位

氟氯开路及压滤岗位操作：

（1）检查各阀门、管道及搅拌机是否正常。

（2）往氟氯开路槽中泵入65m^3左右的溶液，开蒸汽，控制温度，启动搅拌机。

（3）加入中和剂，待溶液pH值达5.5～6.0后，再搅拌5min，取样化验溶液，含Zn^{2+}合格后，通知放罐。

（4）压滤、浆化按《压滤及洗涤浆化岗位操作法》执行。

（5）锌渣浆化后，用泵送酸性浸出槽，滤液送污水处理。

3.4.3 工序安全规程

3.4.3.1 浸出岗位安全操作规程

（1）开蒸汽、废液、硫酸阀门时，不能开得过猛，应缓慢开启，防止溅液伤人。

（2）下槽清理沉渣或杂物时，应由班长或车间派专人在槽外监护，护梯要牢靠、紧固，同时在搅拌机控制屏口悬挂“严禁合闸”警示牌。

（3）核对硫酸、废液高位槽内的液位时，应查看扶手、槽盖是否腐蚀，确认无误后方可攀登，同时注意滑跌。

（4）严禁用湿手启动电气设备。

（5）检修正在焊接的管道设备时，操作工应在旁等候协作，防止漏电伤人，注意装有流量计的管道在焊补前必须拆卸，待焊补好后按原位装上。

（6）打废液、硫酸时应与电解运转，酸站岗位联系好，检查废液，硫酸阀门及管道是否完好，泵入后，注意看液位显示，岗位上监护，杜绝冒液伤人。

（7）在槽下放缸时，防止溅液伤人。

（8）清理设备卫生时，停机清理，严禁擦洗运行中各种设备，杜绝用水冲洗电气设备。

3.4.3.2 机械搅拌机安全操作规程

（1）操作者应熟悉设备的性能和结构。

（2）开机前应检查各部件的连接螺栓是否有松动，安全防护罩是否紧固，减速机油位是否到规定值，否则应添加润滑剂，并定期加油。

（3）开机前搅拌桶内的液面不得低于1/3，否则严禁开机。

（4）一切正常后，开启润滑油泵，再启动搅拌机。

（5）搅拌机运行过程中，应经常对各运行部件、各润滑点进行检查，发现问题及时处理。

（6）在工作中发现搅拌机有摆动现象，应及时停机检查。

（7）停机应先停搅拌机再停油泵。

（8）交班时应清扫设备工作场地，注意设备卫生。

3.4.3.3 浓密机安全操作规程

（1）当班操作者应熟悉设备性能和结构。

（2）开机前检查各部件螺栓是否有松动现象，润滑是否完好，油路是否畅通，待一切正常方可开机。

（3）浓密机正常工作时，必须对各运动部位进行检查，发现问题及时处理，管道应保持畅通无阻，耙架运行稳定、均匀，润滑良好，轴泵油度不得超过65℃。

（4）浓密机运行时，给矿的浓度和流量应均匀，应有规则地测量给矿液固比。

（5）浓密机运行时，严禁滤布、木块、金属条或石块等杂物落入池中。

（6）浓密机超负荷运行时可引起严重的事故，应专人观察负荷指针，掌握工作负荷。

（7）停机前必须先停止给矿，排底流直至池底浓积泥排空后才能停机。

（8）紧急停机时，必须立即将耙子提升起来，并加大底流排放量。

（9）每班对竖柱轴上部轴承和蜗杆轴承加注2号钙基脂润滑油。

（10）每班工作结束后，清理场地，注意设备卫生。

（11）清理浓密机时，应先在车间安全员处登记，必须将梯子挂牢，切断电源。

3.4.3.4 箱式压滤机安全操作规程

（1）操作者应熟悉设备的性能原理。

（2）检查油缸上的电接点压力表是否调至保压范围（20MPa以内），设备零部件是否齐全可靠，滤板排列是否整齐，液压系统是否有漏油现象，一切正常，确认无误后，准备开机。

（3）压紧滤板。按动电源开关，按下压紧滤板“前进”按钮，高压油泵运转，压紧板向前移动至压紧位置，液压系统电接点压力表，上限点闭合，高压油泵停止，此时可进行物料处理工序（进料）。

（4）卸渣。在物料处理工序运行结束后，按下“后退”滤板按钮，压紧板自动退回到与行程开关接触后，电机自动停止，进行卸渣工作。在卸渣过程中应检查每一块滤布不应有皱折、重叠，发现滤布有破损应更换，卸渣完成后，按以上过程再次进行压滤工作。

3.4.4 安全注意事项

（1）严格遵守岗位技术操作规程、安全操作规程。

（2）严格遵守本单位的安全生产规章制度和操作规程，服从管理，正确佩戴和使用劳动防护用品。

（3）工作现场禁止吸烟、进食和饮水。工作毕，淋浴更衣，不得将工作服带回家中，保持良好的卫生习惯。

（4）如发生H_2SO_4泄漏伤害，皮肤接触者应立即脱去污染的衣服，立即用水冲洗至少15min，或用2%碳酸氢钠溶液冲洗。眼睛接触者应立即提起眼睑，用流动清水或生理盐水冲洗至少15min，就医。吸入者迅速脱离现场至空气新鲜处，呼吸困难时输氧，给予2% ~4%碳酸氢钠溶液雾化吸入，就医。误服者给牛奶、蛋清、植物油等口服，不可催吐，立即就医。

3.5 浸出过程的技术条件控制

为确保浸出矿浆的质量和提高锌的浸出率，一般来说，浸出过程技术条件控制主要有3个方面，即中性浸出点控制、浸出过程平衡控制和浸出技术条件控制。

3.5.1 中性浸出点控制

中性浸出时，控制终点的pH值为5.2~5.4，使三价铁呈$Fe(OH)_3$水解并与硅、砷、锑等一起凝聚沉降，从而得到矿浆沉降速度快、溶液净化程度高的溶液。

控制终点的方法通常有两种：一种是用试纸、试剂或仪器测定；另一种仅凭经验用肉眼观察。

试纸、试剂或仪器测定：

（1）用精密pH试纸测定。

（2）用甲基橙指示剂测定。一般用1%的甲基橙指示剂滴入待测的矿浆，当矿浆表面显黄色，泡沫不带红色而迅速扩散时，即表明终点pH值为5.2~5.4。

（3）用酸度计检查终点pH值。

凭经验用肉眼观察：

用玻璃杯取矿样，从杯外壁观察矿浆颗粒运动的状况，当粒子由细迅速变大，上下激烈翻动，似“沸腾”状态固体颗粒沉降得快，上清液较清时即达到终点，pH值5.2~5.4；如颗粒细，上下移动较慢，沉降后的上清液不清，带红色浑浊，有菌状胶体悬浮物，即表示pH值低；如颗粒细，沉降慢且上清液呈白色，有时表面还形成一层毛绒，即表示终点已过，pH值超过5.6。

3.5.2 浸出过程的平衡控制

湿法炼锌的溶液是闭路循环，故保持系统中溶液的体积、投入的金属量及矿浆澄清浓缩后的浓泥体积一定，即通常所说的保持液体体积平衡、金属量平衡和渣平衡是浸出过程的基本内容。

3.5.2.1 水平衡（溶液体积平衡）

水分蒸发、渣带走以及跑、冒、滴、漏等损失使溶液减少，洗渣、洗滤布、洗设备、地面等收集的含酸、含锌废水带进系统，二者必须保持平衡，即保持系统中溶液体积不变。如果带入的水过多，系统的溶液量增加，会使溶液无法周转，打乱生产过程，导致技术条件失控；如果带入的水量不足，则系统体积减小，同样会使正常溶液周转受到影响，影响技术条件控制。同时，溶液体积减小相当于系统溶液浓缩，会使溶液含锌量升高，如果偏离允许范围，将会直接影响浸出及后续净化及电解工序。

为了保持溶液体积平衡，必须严格控制各种洗水量，因时、因地保持水量平衡。

3.5.2.2 锌平衡（金属平衡）

浸出过程的锌平衡（金属平衡）是指浸出过程投入的焙砂，经浸出后进入溶液的金属量与锌电解过程析出的金属保持平衡，即浸出进入溶液的锌量与电积析出的锌量相等。如投入的金属量与析出的锌量不平衡，将导致电解产出的废液量不平衡，影响正常生产。

3.5.2.3　渣平衡

渣平衡是指焙砂经两段浸出后所产出的渣量，与从系统中通过过滤设备排出渣量的平衡，即保持浓泥体积一定。如果浸出产出的渣不能及时从系统中排走，浓缩槽的浓泥体积增大，会影响上清液的质量，干扰下一工序的正常进行，无法保持浸出过程连续稳定进行。浓泥体积变化往往会造成恶性循环，使整个系统遭到破坏。

3.5.3　技术条件控制

3.5.3.1　一段中性浸出的技术条件控制

（1）连续中性浸出的技术条件。

温度：60 ~ 75℃；

液固比：（10 ~ 15）：1；

始酸：30 ~ 40g/L；

终酸：pH 值 5.0 ~ 5.2；

时间：1 ~ 2h。

（2）间断中性浸出的技术条件。

温度：60 ~ 75℃；

液固比：（7 ~ 9）：1；

始酸：70 ~ 120g/L；

终酸：pH 值 5.2 ~ 5.4；

时间：1 ~ 2h。

3.5.3.2　二段中性浸出的技术条件控制

（1）二段中性浸出的技术条件（间断）。

温度：70 ~ 90℃；

液固比：（6 ~ 9）：1；

始酸：80 ~ 120g/L；

终酸：pH 值 5.2 ~ 5.4；

时间：2.5 ~ 3.5h。

（2）二段酸性浸出的技术条件（连续）。

温度：60 ~ 80℃；

液固比：（7 ~ 9）：1；

始酸：80 ~ 120g/L；

终酸：pH 值 2.5 ~ 3.5；

时间：2 ~ 2.5h。

3.5.3.3　二段酸性浸出的技术条件（间断）

温度：70 ~ 85℃；

液固比：（6 ~ 9）：1；

始酸：80 ~ 120g/L；

终酸：pH 值 2.5 ~ 3.5；

时间：2.5 ~ 3.5h。

3.6　浸出过程技术经济指标

3.6.1　浸出过程技术经济指标

（1）锌浸出率：约80%。

（2）矿粉浸出渣率：50%～55%（以焙砂计）。

（3）酸浸渣含全锌：不大于21%，其中渣含酸溶锌不大于9%。

（4）硫酸单耗：300kg/t析出锌。

（5）中性浓密上清液合格率（Cu、As、Sb、Ge、Fe）：不小于90%。

（6）锰矿粉（MnO_2）：小于60kg/t析出锌。

（7）3号凝聚剂（粉剂）：小于0.3kg/t析出锌。

（8）蒸汽：0.65t/t析出锌。

（9）生产水：2t/t析出锌。

3.6.2　某厂浸出过程技术经济指标实例

3.6.2.1　原材料及质量要求

（1）沸腾炉焙砂成分要求：$S_{不}\leqslant 1\%$；$SiO_2\leqslant 2.5\%$；$Fe_{可}$ 3%～6%；可溶锌率不小于90%。物理规格要求：球磨后锌焙砂粒度180μm以下（－80目）达100%，75μm以下（－200目）达到80%。

（2）石灰石粉：$CaO_{不}\leqslant 80\%$；

粒度：－100目达100%。

（3）锌电解废液中Zn：40～55g/L；H_2SO_4：130～180g/L。

（4）锰矿粉含$Mn^{2+}>50\%$，粒度＜120目；密度4.8g/cm³，不结块、无疙瘩、无杂物。

（5）3号凝聚剂应符合GB 872—1976《3号凝聚剂》的规定，其中含聚丙烯酰胺浓度8%左右。

（6）箱式过滤液含Zn：80～120g/L，含固量不大于5g/L（湿量），抽干开裂。

（7）贫镉液含Zn：100～130g/L，Cd≤0.20g/L，Co≤0.01g/L，清亮、不带黑色。

（8）氧化锌一次中性浸出上清液化学成分（g/L）：As≤0.010，Sb≤0.015，Ge≤0.008，含固量≤1.5g/L（湿量），pH值5.0～5.2。

（9）滤布。涤纶621：1000型和1250型；涤纶3927：1000型和1250型；747号：1000型和1250型。

3.6.2.2　工艺操作条件

A　氧化槽（将亚铁氧化成三价铁）

（1）氧化液的组成：氧化锌中性浸出上清液、箱式过滤液、贫镉液、In－Ge萃余液、锌电解废液、锰矿浆等。

（2）进出液流量：以满足中性浸出要求为准（约83m³/h）。

（3）氧化后液成分（g/L）：$Fe_{全}$ 0.2～1.5，$Fe^{2+}\leqslant 0.10$；

终点酸度50～100g/L。

B 焙砂酸性浸出

（1）酸性浸出液固比：（5～10）∶1。

（2）酸性浸出温度：75～80℃。

（3）酸性浸出时间：2h。

（4）酸性浸出终点：15g/L。

（5）浸出液化学成分（g/L）：Zn为100～160，Fe^{2+}≤0.02。

C 中和除杂

（1）始酸：不大于15g/L。

（2）溶液含固量：25～32g/L。

（3）中和温度：85～90℃。

（4）除杂时间：3h。

（5）中和槽终点pH值（出口pH值）：4.8～5.0。

D 酸性浓密

（1）温度：70～80℃。

（2）上清悬浮物：不大于50g/L（湿量、抽干开裂）。

（3）酸上清液化学成分（g/L）：Zn 100～160，Cu 0.1～0.4，$Fe_{全}$ 0.5～1.5，$Fe_{全}$≤0.02。

（4）酸性底流密度（g/cm^3）：1.65～1.90。

E 中和液浓密

（1）温度：80～90℃。

（2）上清液pH值：5.2～5.4。

（3）中和上清液化学成分（g/L）：As≤0.001；Sb≤0.001；Ge≤0.001；Co≤0.02；Ni≤0.015。

（4）Fe^{2+}定性黄色，上清液清亮，含悬浮物不大于1.5g/L（湿量抽干开裂）。

（5）底流密度（g/cm^3）：1.40～1.65。

（6）底流排放时间：每班放底流8～15次，每次不能超过15min。

（7）加入系统的三号凝聚剂浓度：0.1%～0.3%。

F 氟氯开路

（1）液固比：（4～8）∶1。

（2）温度：75～85℃。

（3）始酸：2～10g/L，终酸：pH值5.0～6.5，终点溶液含Zn≤2.0g/L。

G 箱式压滤

$F=100m^2$，滤板尺寸1250mm×1250mm，装板40块，过滤压力为0.5MPa。

H 程控隔膜压滤

$F=160m^2$，滤板尺寸1250mm×1250mm，装板61块，过滤压力为0.8MPa。

3.6.2.3 产出物料及其质量要求

（1）中和除杂上清液产量：76.35m^3/h，化学成分（g/L）：Zn 100～150，Sb≤0.001，Co≤0.02，Cu 0.1～0.4，Ni≤0.015，Fe≤0.03。

（2）酸上清含固量不大于50g/L（湿量）。

（3）中和除杂渣产量：58.3t/d（干量），其主要成分为（%）：Zn 7.0，Fe 3.74，Cu 0.34，As 0.74，SiO_2 7.46，CaO 24.06，S 15.39，H_2O 28 ~30。

复习思考题

3-1　什么是浸出？

3-2　浸出的目的和作用是什么？

3-3　绘出锌浸出采用的传统与现代生产流程图。

3-4　写出锌浸出过程的主要化学反应式。

3-5　指出中性浸出过程的实质及反应。

3-6　中和水解的基本原理是什么？

3-7　中性浸出过程中除掉了哪些杂质？

3-8　中性浸出时 pH 值控制的原因？

3-9　硫酸锌溶液中铁的除去方法主要有哪些？

3-10　浸出技术控制的三大平衡是哪三大平衡？

4 硫酸锌溶液的净化

4.1 湿法炼锌净化过程

锌焙砂或其他的含锌物料(如氧化锌烟尘、氧化锌原矿等)，经过浸出后，锌进入溶液，而其他杂质(如Fe，As，Sb，Cu，Cd，Co，Ni，Ge等)也大量进入溶液中，它们的存在将对下一工序——锌电解沉积过程带来极大危害，即降低电解电流效率、增加电能消耗、影响阴极锌质量、腐蚀阴极和造成剥锌困难等，因此，必须通过溶液净化，将危害锌电积的所有杂质除去，产出合格的净化液送至锌电解槽。

硫酸锌溶液净化的目的是：

(1) 将溶液中的杂质除至电积过程允许含量范围之内，确保电积过程的正常进行并生产出较高等级的锌片。

(2) 通过净化过程的富集作用，使原料中的有价伴生元素，如铜、镉、钴、铟、铊等得到富集，便于从渣中进一步回收有价金属。

在湿法炼锌工艺中，浸出液要经过3个净化过程：

(1) 中性浸出时控制溶液终点pH值，使某些能够发生水解的杂质元素从浸液中沉淀下来(中和水解法)。

(2) 酸性浸出时的除铁。

(3) 针对打入净化工序的中浸液除杂，使之符合电积锌的要求。在实际生产中，这些过程并不完全在净化单元完成，如杂质Fe、As、Sb、Si等大部分在浸出过程中除去，而Cu、Cd、Co、Ni、Ge等则在净化过程中除去。

如图4-1所示，虚线框中的工序，在实际生产过程中是放在浸出单元完成的，产出合格浸出液(上清液)进入净化单元流程见表4-1。在浸出单元中，主要利用的是中和水解法和共沉淀法除去杂质铁、砷、锑、硅等，而在净化单元中，按照净化原理可将净化的方法分为两类：

(1) 加锌粉置换除铜、镉，或在有其他添加剂存在时，加锌粉置换除铜、镉的同时除去镍、钴。根据添加剂成分的不同，该类方法又可分为锌粉—砷盐法、锌粉—锑盐法、合金锌粉法等净化方法。

(2) 加有机试剂形成难溶化合物除钴，如黄药净化法和亚硝基β-萘酚净化法等。

各种净化方法的简要工艺流程见表4-1。

从表4-1中可以看出，由于各厂中性浸出液的杂质成分与新液成分控制标准不同，故各厂的净化方法也有差别，且净化段的设置也不同。按净化段的不同设置，净化流程有二段、三段、四段之分。按净化的作业方式不同，有间断、连续作业两种。间断作业由于操作与控制相对较易，可根据溶液成分的变化及时调整组织生产，为中、小型湿法炼锌厂广泛应用。连续作业的生产率较高、占地面积少，设备易于实现大型化、自动化，故近年来发展较快，但该法操作与控制要求较高。

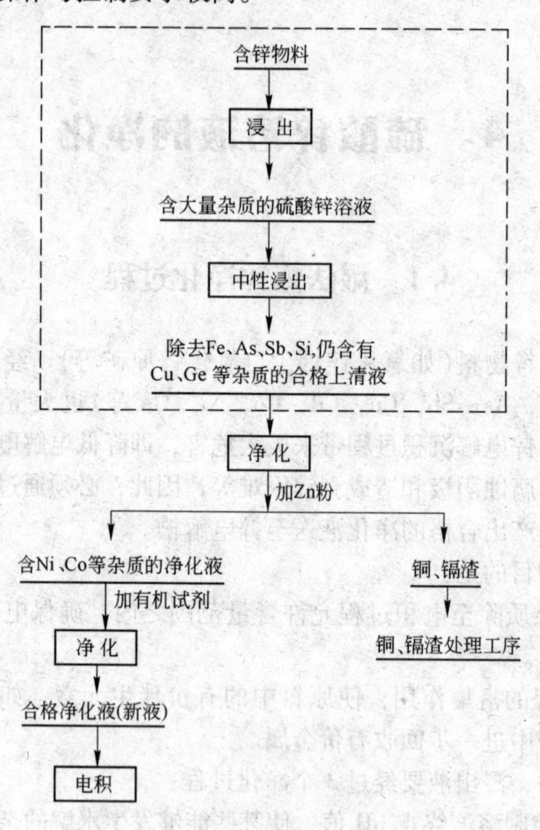

图4－1　湿法炼锌工艺流程图

表4－1　各种硫酸锌溶液净化方法的几种典型流程

流程类别	第一段	第二段	第三段	第四段	工厂举例
锑盐净化法	加锌粉除Cu、Cd，所得Cu、Cd渣送去提Cd并回收Cu	加锌粉和锑盐除钴，所得钴渣送去回收Co	加锌粉除残Cd		西北铅锌冶炼厂，葫芦岛锌厂，株洲冶炼厂Ⅱ系统
砷盐净化法	加锌粉和As_2O_3，除Cu，Co、Ni，所得Cu渣送去回收Cu	加锌粉除Cd，所得Cd渣送去提Cd	加锌粉除复溶Cd，所得Cd渣返回第二段	再进行一次加锌粉除Cd	原沈阳冶炼厂，赤峰冶炼厂
合金锌粉法	加Zn－Pb－Sb－Sn合金锌粉除Cu、Cd、Co	加锌粉除Cd			柳州锌品厂
β－萘酚法	加锌粉除Cu、Cd得Cu、Cd渣送去提Cd并回收Cu	加锌粉除Cd，所得Cd渣送去回收Cd	加α亚硝基伊萘酚除Co，所得Co渣送去回收Co	加活性炭吸附有机物	祥云飞龙公司
黄药净化法	加锌粉除Cu、Cd，所得Cu、Cd渣送去提Cd并回收Cu	加黄药除钴，所得钴渣送去提钴			株洲冶炼厂Ⅰ系统

由于铜、镉的电位相对较正，其净化除杂相对容易，故各工厂都在第一段优先将铜、镉首先除去。利用锌粉置换除铜、镉时，由于铜的电位较镉正，更易优先沉淀，而锌粉置换除镉则相对困难些，需加入过量的锌粉才能达到净化的要求。

由于钴、镍是浸出液中最难除去的杂质，各工厂净化工艺方法的差异(见表4-1)实质上就在于除钴方法的不同。采用置换法除钴、镍时，除需加添加剂外，还要在较高的温度下，并加入过量的锌粉才能达到净化的要求，或者使用价格昂贵的有机试剂，合理选择除钴净化工艺，可降低净化成本。

4.2 硫酸锌溶液除铁、砷、锑

4.2.1 中和水解法除铁

4.2.1.1 除铁基础

从净化原理来讲，硫酸锌溶液中杂质铁的净化可以分为中和水解法和加试剂沉铁法，这里根据第1章所定义的工业常用净化方法分类，只讲述中和水解法除铁。

这一过程基本是在中性浸出中完成的，即控制浸出终点pH值在5.2~5.4之间，使锌离子不发生水解，而绝大部分铁离子以氢氧化物$Fe(OH)_2$形式析出，从而达到除铁目的。

在溶液中，金属离子水解按下式进行：

$$Me^{n+} + nH_2O \rightleftharpoons Me(OH)_n + nH^+$$

这是只有氢离子而无电子参与的反应，即反应如何进行只与溶液的pH值、活度有关，而与电位无关，反应的平衡条件是：

$$pH = pH^{\ominus} - \frac{1}{n}\lg a_{Me^{n+}}$$

当溶液的pH值大于平衡pH值时，反应正向进行，金属离子水解沉淀，反之则逆向进行，$Me(OH)_n$溶解。

由于在酸浸过程中，预提取金属锌和杂质金属均以各种形态进入到溶液中，那么这些金属离子与它们的氢氧化物之间也存在着一定的酸碱平衡关系。

在硫酸锌溶液中，物质的稳定性除了与溶液的pH值有关外，还与离子的电极电位有关，即会发生氧化还原反应，如同类离子高价态和低价态的转化($Fe^{2+} \rightleftharpoons Fe^{3+}$)，因此，通常采用电位-pH值图来研究影响物质在水溶液中稳定性的因素，为制取所需要的产品创造合适的条件。

锌浸出液中，存在有不同的$Me-H_2O$系电位-pH值图，现以$Zn-H_2O$系的电位-pH值图，以图4-2为例，予以说明。

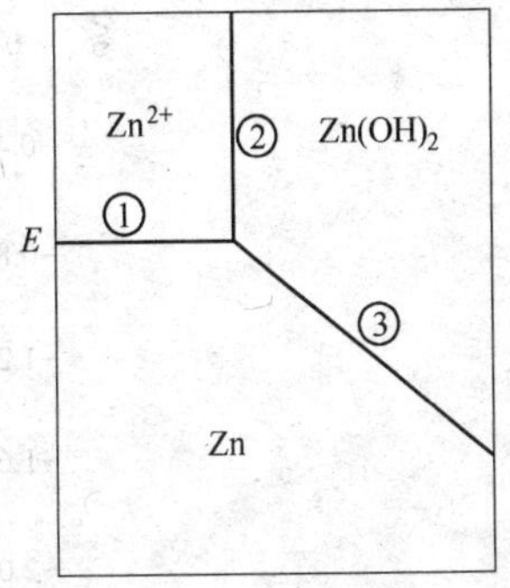

图4-2 $Zn-H_2O$系的电位-pH值图

图4-2中各线所示的反应如下：

① 线： $Zn^{2+} + 2e = Zn$

通式： $Me^{n+} + ne = Me$

$$\varphi = \varphi^0 + \frac{1}{n}0.06\lg[Me^{n+}]$$

② 线： $Zn^{2+} + H_2O = Zn(OH)_2 + 2H^+$

通式： $Me^{n+} + nH_2O = Me(OH)_n + nH^+$

$$pH = pH^{\ominus} - \frac{1}{n}\lg [Me^{n+}]$$

③ 线：　$Zn(OH)_2 + 2H^+ + 2e \longrightarrow Zn + 2H_2O$

通式：　$Me(OH)_n + nH^+ + ne \longrightarrow nH_2O + Me$

$$\varphi = \varphi^0 - 0.06pH$$

由图 4－2 可知，①、②、③线将整个 $Zn-H_2O$ 系划分为 Zn^{2+}、$Zn(OH)_2$、Zn 3 个区域，而这 3 个区域也就构成了湿法冶金的浸出、净化、电积所要求的稳定区。

浸出过程：创造条件使主体金属进入 Me^{n+} 区，对于 ZnO，就需要增加酸度，使溶液酸度过②线进入 Zn^{2+} 区。

水解净化：调节溶液的 pH 值，使主体金属不水解，而杂质金属离子因 pH 值超过②线，呈 $Me_m(OH)_n$ 沉淀析出。

电积过程：创造条件使主体金属离子 Me^{n+} 转入 Me 区，如 Zn^{2+} 就是借助在电积上施加电位，使 Zn^{2+} 通过①线还原成 Zn。

通过以上分析，若要除去浸出液中的杂质，就必须使杂质的②线在 Zn②线的左边，即 $pH_{Me_m(OH)_n} < pH_{Zn(OH)_2}$，否则杂质与 $Zn(OH)_2$ 两者将同时析出，达不到除杂的目的。在生产实践中，浸出后的锌浓度一般为 110～140g/L，根据 $pH = 5.5 - \frac{1}{2}\lg [Zn^{2+}]$ 计算，pH 值为 5.4～5.6，故浸出终了时的 pH 值所能允许的最大值不得超过 5.4～5.6。

同样，如果把体系中所有 $Me-H_2$ 的电位－pH 值图绘制并叠合在一起，就能够得到采用中和水解法除杂的条件和应采取的必要措施，如图 4－3 所示。

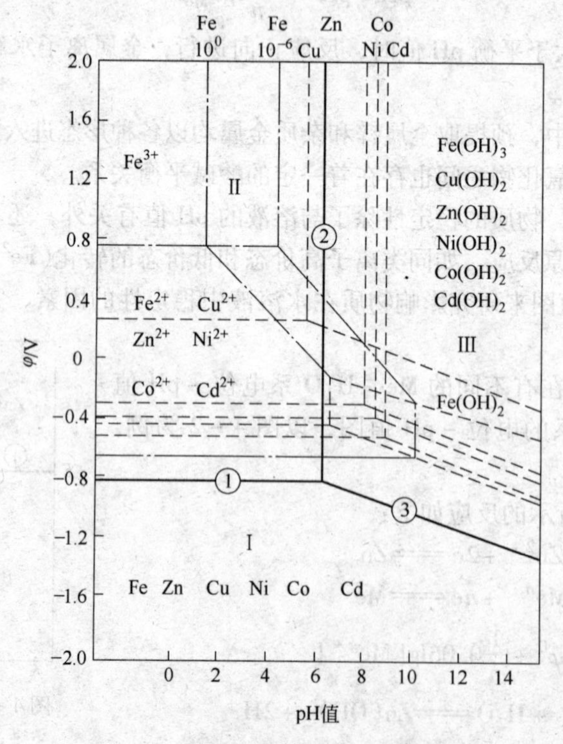

图 4－3　硫酸锌溶液的电位－pH 值图

根据生产实践中杂质的含量计算，知 Cu^{2+}、Ni^{2+}、Co^{2+}、Cd^{2+}、Fe^{2+}的平衡 pH 值分别为5.9、8.13、8.15、8.54、8.37，所以，这些杂质都不能水解除去，而 Fe^{3+} 的 pH 值为3.5，可以水解除去，那么，是否可以通过让 $Me^{n+} \rightarrow Me^{m+}$（其中 $m > n$），再水解除去呢？Cu^{2+}、Cd^{2+}已不能再氧化，无法实现，Ni^{2+}、Co^{2+} 虽能再氧化成 Ni^{3+}、Co^{3+}，但经计算知 $pH_{Ni(OH)_3} > pH_{Zn(OH)_2}$，同样不能除去，尽管 $pH_{Co(OH)_3} < pH_{Zn(OH)_2}$，但在湿法炼锌的条件下，所用氧化剂，如 H_2O_2、MnO_2、$KMnO_4$、O_2都不能将其氧化，因而也无法实现，只有 Fe^{2+} 能被这些氧化剂氧化成 Fe^{3+}，故水解法只能沉铁，而不能除去 Cu、Cd、Ni、Co 等。Fe^{2+} 的氧化因 H_2O_2、MnO_4^{2-} 价高，而 O_2的氧化速度慢，因此，工厂广泛采用 MnO_2（软锰矿）作为氧化剂。

$$MnO_2 + 2Fe^{2+} + 4H^+ = Mn^{2+} + 2Fe^{3+} + 2H_2O$$

$$\varphi = 0.46 - 0.12pH + 0.03\lg(\alpha_{Fe^{2+}}/\alpha_{Fe^{3+}} \cdot \alpha_{Mn^{2+}})$$

当 pH 值下降时，φ 升高，$Fe^{2+} \rightarrow Fe^{3+}$ 的氧化趋势变大，因此，过程易在偏酸性溶液中进行。

4.2.1.2 除铁过程

浸出过程中的除铁仍然在浸出槽中进行，将废电解液及氧化剂（软锰矿、锰矿浆）混合后制成氧化液用于冲矿，浆液经过分级后送入中性浸出，根据上述除铁原理，铁的除去主要是溶液 pH 值的控制，因此，在生产上终点 pH 值的测定是一个重要操作。

以往浸出终点 pH 值的控制是通过操作人员用试纸或者 pH 值计测定，然后调整浸出过程的加酸量来达到控制终点 pH 值。随着自动化水平的提高，浸出终点 pH 值的控制可以通过 pH 值自动控制系统来实现。浸出过程的各个浸出槽出口的 pH 值设定后，自动系统可根据设定的 pH 值信号自动调整酸的加入量，使浸出终点达到设定的 pH 值。

在浸出液实际除铁过程中，溶液中加入固体氧化剂二氧化锰和中和剂石灰石颗粒，这些固体颗粒为 $Fe(OH)_3$的沉淀提供了核心，从而明显降低了 $Fe(OH)_3$的成核临近半径，有利于 $Fe(OH)_3$的生成。

在 Fe（OH）$_3$沉淀过程中，溶液中 Fe^{2+} 和 Fe^{3+} 氧化中和沉淀的动力学步骤为：

（1）氧化剂氧化 Fe^{2+} 为 Fe^{3+}，即 $Fe^{2+} - e = Fe^{3+}$。

（2）氧化产出的扩散层扩散到沉淀的 $Fe(OH)_3$固体表面。扩散过程基本符合稳态扩散，扩散速度 $v = DA\delta_c/\delta_d$，扩散系数 D、扩散面积 α 和扩散浓度差 δ_c 是一定的，扩散距离 δ_d 随着搅拌强度的增加而减小，增加搅拌强度可以加快 Fe^{3+}扩散的速度。

（3）Fe^{3+} 水解反应。$Fe^{3+} + 3H_2O = Fe(OH)_3 + 3H^+$。水解产生的 $Fe(OH)_3$微颗粒是不稳定的。

（4）$Fe(OH)_3$微颗粒在固体 $Fe(OH)_3$颗粒或其他颗粒表面上的沉积过程。由于 $Fe(OH)_3$是胶体颗粒，本身带电荷，颗粒之间相互排斥，团聚过程时微颗粒间必然使一定量的溶液被包裹，造成渣中这些溶液无法被洗涤出来，锌损失增大，因此，在沉淀 $Fe(OH)_3$时应尽可能控制在其等电点的 pH 值附近，使 $Fe(OH)_3$颗粒不带电荷，颗粒之间没有排斥力，相互结合紧密，从而减少夹带溶液的数量，减少锌的损失，这就要求先中和后氧化。中和过程加入的中和剂也可以增加 $Fe(OH)_3$沉淀时的晶核颗粒数，这有利于

$Fe(OH)_3$的沉淀和团聚。

为了减少$Fe(OH)_3$团聚时夹带的溶液数量，$Fe(OH)_3$沉淀速度不能太快，也就是氧化的速度不能快，因此，选择氧化能力相对弱的氧化剂有利于降低锌的损失。

（5）水解产出的H^+从固体$Fe(OH)_3$颗粒表面扩散到溶液中。如果H^+不能从水解表面扩散到溶液，将使沉淀的$Fe(OH)_3$溶解，造成$Fe(OH)_3$颗粒的不稳定。

上述不同的步骤，因为不同的沉淀条件，特别是溶液 pH 值不同，都有可能成为除铁的速度控制步骤。

在Fe^{2+}氧化为Fe^{3+}的过程中，实际也是一个复杂的过程，其中包括溶液中Fe^{2+}、H^+向固体氧化剂二氧化锰表面扩散、二氧化锰氧化Fe^{2+}等：

$$Fe^{2+} + MnO_2 + 4H^+ \xlongequal{} 2Fe^{3+} + Mn^{2+} + 2H_2O$$

氧化产物Fe^{3+}、Mn^{2+}和H_2O扩散离开二氧化锰表面到溶液中。

在上述过程中，1mol 的Fe^{2+}氧化和水解实际上只能使溶液中增加 1mol 的H^+，为了中和这些多余的游离酸，需要加入石灰石，其反应式为：

$$Fe^{2+} + H_2SO_4 + CaCO_3 + 4H_2O \xlongequal{} CaSO_4 \cdot 5H_2O\downarrow + CO_2\uparrow$$

形成的石膏，沉淀在石灰石表面，也影响石灰石与硫酸的反应，在这个过程中也存在硫酸往石灰石表面的扩散，硫酸与石灰石反应，石膏沉淀产物形成和CO_2扩散离开反应界面并逸出溶液等过程。

如果氧化剂和中和剂同时加入溶液中，进行氧化中和除铁时，上述所有过程反应处于共平衡中，这也给速度控制步骤的确定带来困难。

4.2.1.3　从含铁高的浸出液中沉铁

浸出渣采用热酸浸出，可使以铁酸锌形态存在的锌浸出率达 90% 以上，显著提高金属的提取率，但大量铁、砷等杂质也会进入溶液，使浸出液中的含铁量高达 30g/L 以上。对这种含铁量高的浸出液，若采用前面所述的中和水解法除铁，会因产生大量的$Fe(OH)_3$胶状沉淀物而使中性浸出矿浆难以沉降、过滤和洗涤，甚至导致生产过程由于液固分离困难而无法进行。

工业上常用的沉铁方法有黄钾铁矾法[$KFe_3(SO_4)_2(OH)_6$]、针铁矿法(FeOOH)、赤铁矿法(Fe_2O_3)等。

A　黄钾铁矾法

黄钾铁矾法是使用最多的方法。为了溶解中浸渣中的$ZnO \cdot Fe_2O_3$，将中浸渣加入到起始H_2SO_4浓度大于 100g/L 的溶液中，在 85～95℃下经几小时浸出，浸出后的热酸液H_2SO_4浓度大于 20～25g/L，通过焙砂调整 pH 值为 1.1～1.5，再将生成黄钾铁矾所必需的一价阳离子加入，在 90～100℃下迅速生成铁矾沉淀，而残留在锌溶液中的铁仅为 1～3100g/L。沉淀物为结晶态，易于沉降、过滤和洗涤。黄钾铁矾法沉铁反应式如下：

$$3Fe_2(SO_4)_3 + 2(A)OH + 10H_2O \xlongequal{} 2(A)Fe_3(SO_4)_2(OH)_6 + 5H_2SO_4$$

式中，A 代表K^+、Na^+、NH_4^+等碱离子。

实践证明，一价离子的加入量必须满足分子式$(A)Fe_3(SO_4)_2(OH)_6$所规定的原子个数比，这就是说 A∶Fe 必须达到 1∶3(原子个数比)，才能取得较好的除铁效果。如果进一步增加一价离子的加入量，例如：A∶Fe 达到 2∶3 或 1∶1（原子个数比），则所获得的效果并不明显。

为了尽可能地降低溶液的含铁量，必须使黄钾铁矾的析出过程在较低酸度下进行。工业上，高温高酸浸出时的终点酸度很高，一般达到 30～60g/L，为此，在高温高酸浸出之后，专门设置了一个预中和工序，使溶液的酸度从 30～60g/L 下降到 10g/L 左右，然后再加锌焙砂，控制沉铁过程在 pH 值为 1.5 左右进行。黄钾铁矾析出过程本身也是一个排酸过程，随着黄钾铁矾的析出，溶液本身的酸度将不断升高，在沉铁过程中，要不断加入中和剂，以保持溶液有适当的酸度。

我国西北铅锌冶炼厂年产电锌 10×10^4t，采用热酸浸出－黄钾铁矾法沉铁工艺。

B　针铁矿法

针铁矿（FeOOH）是一种很稳定的晶体化合物，如果从含 Fe^{3+} 浓度很高的浸出液中直接进行中和水解，则只能得到胶体氢氧化铁 $Fe(OH)_3$，这将很难澄清过滤，只有在低酸度和低 Fe^{3+} 浓度条件下，才能析出结晶态的针铁矿，因此，采用针铁矿法沉铁，首先必须将溶液中的 Fe^{3+} 还原为 Fe^{2+}（生产上用 ZnS 作还原剂），然后再用锌焙砂将其中和到 pH 值为 4.5～5，中和之后再用空气进行氧化。

针铁矿法的总反应式如下：

$$Fe_2(SO_4)_3 + ZnS + 1/2O_2 + 3H_2O = Fe_2O_3 \cdot H_2O + ZnSO_4 + 2H_2SO_4 + S^0$$

式中，$Fe_2O_3 \cdot H_2O$（一般写成 FeOOH）是针铁矿。

针铁矿法的沉淀条件是：95℃，pH 值为 4～5，加入晶种也可以加快析出速率。

针铁矿沉铁有两种实施途径：

（1）V.M 法。把含 Fe^{3+} 高的溶液用过量 15%～20% 的锌精矿在 85～90℃ 下还原成 Fe^{2+} 状态，其还原率达 90% 以上，随后在 80～90℃ 下，Fe^{2+} 中和到 pH 值为 2～3.5 时被氧化。

（2）E.Z 法（又称稀释法）。将含 Fe^{3+} 高的溶液与中和剂一道加入到加热的沉铁槽中，其加入速度等于针铁矿沉铁速度，故溶液中 Fe^{3+} 浓度低，得到的铁渣组成为 $Fe_2O_3 \cdot 0.64H_2O \cdot 0.2SO_3$。

我国江苏冶金研究所与温州冶炼厂研究了喷淋除铁工艺，其基本原理也就是 E.Z 针铁矿法。

C　赤铁矿法

在高温 185～200℃ 条件下，当硫酸浓度不高时，溶液中的 Fe^{3+} 便会发生如下水解反应而得到结晶 Fe_2O_3：

$$Fe_2(SO_4)_3 + 3H_2O = Fe_2O_3 + 3H_2SO_4$$

若溶液中的铁呈 Fe^{2+} 形态，则应使其氧化为 Fe^{3+}。

采用赤铁矿法沉铁，需有高温高压条件，如日本坂岛电锌厂采用赤铁矿法，沉铁过程在衬钛的高压釜中进行，操作条件是：温度 200℃，压力 1.7652～1.9613MPa，停留时间为 34h，此时，沉铁率达到 90%，得到的铁渣含 Fe 58%～60%，是容易处理的炼铁原料。

a　共沉淀法除砷锑

共沉淀法的应用分为两类：即共晶沉淀和吸附共沉淀。

（1）共晶沉淀。在电解质溶液中，有两种难溶的电解质共存，当它们的晶体结构相同时，它们便可以生成共晶一起沉淀下来，这种沉淀称为共晶沉淀。例如，在锌电解沉积过程中，锌电解液(主要含硫酸锌和硫酸)中含有少量的铅，它会在阴极析出，从而影响电锌质量，为了降低电解液中的铅含量，可向电解液中加入碳酸锶，碳酸锶在硫酸溶液中会转变成难溶的硫酸锶，而硫酸锶与硫酸铅都是难溶硫酸盐，它们的晶体结构相同，晶格大小相似，这样，便可以形成共晶而沉淀下来。

(2) 吸附共沉淀。在湿法冶金过程中，物质在溶液中分散成胶体的现象是经常遇到的，例如，锌焙砂中性浸出时，产生的 $Fe(OH)_3$ 就是一种胶体，$Fe(OH)_3$ 在沉淀过程中能吸附砷、锑共沉淀，这种利用胶体吸附特性除去溶液中其他杂质的过程称为吸附共沉淀净化法。

由于胶体有高度分散性，使细小的胶体粒子具有巨大的表面积，正是由于胶体粒子具有这样巨大的表面积，致使胶体粒子具有很大的吸附能力，能选择性地吸附电解质溶液中的一些有害杂质，例如，锌焙砂中性浸出时，当 $Fe(OH)_3$ 胶粒在浸出矿浆中形成时，可以优先吸附溶解在溶液中的砷、锑离子，中和到 pH 值为 5.2 时，加入凝聚剂，当 $Fe(OH)_3$ 胶体凝聚沉降时，便把原先吸附的砷、锑凝聚在一起共同沉降，达到净化除砷、锑的目的，这是各种湿法冶金中净化除去溶液中砷和锑常用的方法之一。

砷、锑与铁共沉淀的生产实践表明，砷、锑除去的完全程度，主要取决于溶液中的含铁量，含铁量愈高，溶液中的砷、锑除去得愈完全，一般要求溶液中的铁含量为砷、锑含量的 10 ~ 20 倍。

b　凝聚剂的添加方法

将某些有机物加入胶体溶液中，能使很小的胶体粒子很快凝聚成大颗粒，这样可达到迅速沉降的目的，这种能使胶粒凝聚的物质称为凝聚剂(又称为凝结剂或凝集剂)。目前，在湿法冶金中常用的凝聚剂是聚丙烯酰胺(3 号凝聚剂)和各种动物胶。

在选择凝聚剂时，除了考虑它能加速沉降效果外，还必须考虑对整个湿法冶金，特别是对电解过程有没有危害。

由于胶体有很大的吸附性，胶粒除了吸附荷电离子而使其本身带电，促使其稳定，难于凝聚成大粒沉降下来外，还能选择性地吸附电解质溶液中的一些有害杂质，这种吸附作用可以被用在生产上净化除去溶液中的杂质，例如，锌焙砂中性浸出时，当 $Fe(OH)_3$ 胶粒在浸出矿浆中形成时，可以优先吸附溶解在溶液中的砷和锑离子，中和到 pH 值为 5.2 时，加入 3 号凝聚剂，当 $Fe(OH)_3$ 胶粒凝聚沉降时，便把原先吸附的砷、锑凝聚在一起共同沉降，达到净化除砷、锑的目的。

c　凝聚剂的选择

当溶液澄清不好而过滤较好时可适当多加入 3 号凝聚剂；当溶液澄清好，而过滤较差时，可适当加入牛胶水；当溶液澄清和过滤性能都较差时，就要适当增加 3 号凝聚剂和牛胶水的加入量。

d　3 号凝聚剂的正确使用

溶化时，温度不能太高，始终维持在 40 ~ 50℃ 为宜，否则会分解成 H_2O 和 CO_2；加入量不能太大，以 20 ~ 30mg/L 为宜，否则作用不大或起副作用；加温溶化时不能剧烈搅拌，否则主碳链被打断，凝聚效果差。

4.3 硫酸锌溶液除铜、镉、钴、镍

4.3.1 置换沉淀法除杂基础

4.3.1.1 置换过程的热力学

如果将负电性的金属加入到较正电性金属的盐溶液中，则较负电性的金属将自溶液中取代出较正电性的金属，而本身则进入溶液，例如将锌粉加入到含有硫酸铜的溶液中，便会有铜沉淀析出而锌则进入溶液：

$$Cu^{2+} + Zn = Cu + Zn^{2+}$$

同样地，用铁可以取代溶液中的铜，用锌可以取代溶液中的镉和金：

$$Cu^{2+} + Fe = Cu + Fe^{2+}$$

$$Cd^{2+} + Zn = Cd + Zn^{2+}$$

$$2Au(CN)_2^- + Zn = Zn(CN)_4^{2-} + 2Au$$

A 置换过程的反应及限度

从热力学角度讲，任何金属均可能按其在电位序(见表4-2)中的位置被较负电性的金属从溶液中置换出来。

表4-2 某些电极的标准电位(电位序)

电 极	反 应	$\varphi^{\ominus}$/V
Li^+, Li	$Li^+ + e \rightarrow Li$	-3.01
Cs^+, Cs	$Cs^+ + e \rightarrow Cs$	-3.02
Rb^+, Rb	$Rb^+ + e \rightarrow Rb$	-2.98
K^+, K	$K^+ + e \rightarrow K$	-2.92
Ca^{2+}, Ca	$Ca^{2+} + 2e \rightarrow Ca$	-2.84
Na^+, Na	$Na^+ + e \rightarrow Na$	-2.713
Mg^{2+}, Mg	$Mg^{2+} + 2e \rightarrow Mg$	-2.38
Al^{3+}, Al	$Al^{3+} + 3e \rightarrow Al$	-1.68
Zn^{2+}, Zn	$Zn^{2+} + 3e \rightarrow Zn$	-0.763
Fe^{2+}, Fe	$Fe^{2+} + 2e \rightarrow Fe$	-0.44
Cd^{2+}, Cd	$Cd^{2+} + 2e \rightarrow Cd$	-0.402
Ti^+, Ti	$Ti^+ + e \rightarrow Ti$	-0.335
Co^{2+}, Co	$Co^{2+} + 2e \rightarrow Co$	-0.267
Ni^{2+}, Ni	$Ni^{2+} + 2e \rightarrow Ni$	-0.241
Sn^{2+}, Sn	$Sn^{2+} + 2e \rightarrow Sn$	-0.14
Pb^{2+}, Pb	$Pb^{2+} + 2e \rightarrow Pb$	-0.126
H^+, H_2	$H^+ + e \rightarrow 1/2H_2$	±0.000
Cu^{2+}, Cu	$Cu^{2+} + 2e \rightarrow Cu$	+0.337
Cu^+, Cu	$Cu^+ + e \rightarrow Cu$	+0.52
I (s), I^-	$1/2I^{2+} + e \rightarrow I^-$	+0.536

续表 4-2

电极	反应	$\varphi^{\ominus}$/V
Hg_2^{2+}, Hg	$1/2Hg_2^{2+} + e \rightarrow Hg$	+0.798
Ag^+, Ag	$Ag^+ + e \rightarrow Ag$	+0.799
Hg^{2+}, Hg	$Hg^{2+} + 2e \rightarrow Hg$	+0.854
Br(l), Br^-	$1/2Br^{2+} + e \rightarrow Br^-$	+1.066
Cl_2(g), Cl^-	$1/2Cl_2 + e \rightarrow Cl^-$	+1.358
Au^+, Au	$Au^+ + e \rightarrow Au$	+1.50
F_2(g), F^-	$1/2F_2 + e \rightarrow F^-$	+2.85
O_2, OH^-	$H_2O + 1/2O_2 + 2e \rightarrow 2OH^-$	+0.401
O_2, H_2O	$O_2 + 4H^+ + e \rightarrow 2H_2O$	+1.229

$$y\text{Me}_1^{x+} + x\text{Me}_2 = y\text{Me}_1 + x\text{Me}_2^{y+}$$

式中，x、y 分别为被置换金属 Me_1 和置换金属 Me_2 的价数。

在有过量置换金属存在的情况下，反应将一直进行到平衡为止，也就是将一直进行到两种金属的电化学可逆电位相等时为止，因此，反应平衡条件可表示如下：

$$\varphi^{\ominus}_{\text{Me}_1^{x+}/\text{Me}_1} + \frac{RT}{zF}\ln a_{\text{Me}_1^{x+}} = \varphi^{\ominus}_{\text{Me}_2^{y+}/\text{Me}_2} + \frac{RT}{zF}\ln a_{\text{Me}_2^{y+}}$$

如果两种金属的价数相同，即 $x = y = z$，那么上式可改写成：

$$\varphi^{\ominus}_{\text{Me}_2^{y+}/\text{Me}_2} - \varphi^{\ominus}_{\text{Me}_1^{x+}/\text{Me}_1} = \frac{RT}{zF}\ln \frac{a_{\text{Me}_1^{x+}}}{a^{y+}_{\text{Me}_2}}$$

从上式可见，在平衡状态下，溶液中两种金属离子活度之比可表示为：

$$\frac{a_{\text{Me}_1^{x+}}}{a_{\text{Me}_2^{y+}}} = 10^D$$

$$D = \frac{\varphi^{\ominus}_{\text{Me}_1^{x+}/\text{Me}_1} - \varphi^{\ominus}_{\text{Me}_2^{y+}/\text{Me}_2}}{2.303RT}$$

根据上式对二价金属所作的计算结果，见表 4-3。

表 4-3 在平衡状态下被置换金属与置换金属离子活度的比值($a_{\text{Me}_1^{x+}}/a_{\text{Me}_2^{y+}}$)

置换金属	被置换金属	金属的标准电位/V		$a_{\text{Me}_1^{x+}}/a_{\text{Me}_2^{y+}}$
		置换金属	被置换金属	
Zn	Cu	-0.763	+0.337	1.0×10^{-38}
Fe	Cu	-0.440	+0.337	1.3×10^{-27}
Ni	Cu	-0.241	+0.337	2.0×10^{-20}
Zn	Ni	-0.763	-0.241	5.0×10^{-19}
Cu	Hg	+0.337	+0.792	1.6×10^{-16}
Zn	Cd	-0.763	-0.401	3.2×10^{-13}
Zn	Fe	-0.763	0.440	8.0×10^{-12}
Co	Ni	-0.267	0.241	4.0×10^{-2}

从表4－3中可以看出，用负电性的金属锌去置换正电性较大的铜比较容易，而要置换较锌正得不多的镉就困难一些。在锌的湿法冶金中，用当量的锌粉可以很容易沉淀铜，而除镉则要用多倍于当量的锌粉。在许多场合下，用置换沉淀法有可能完全除去溶液中被置换的金属离子。

B 置换过程的副反应

在置换沉淀法实际应用过程中，需重视下述副反应。

a 金属的氧化溶解反应

从金属－水系的电势－pH值置换净化原理图(见图4－4)中可以看出，就热力学来讲，氧完全有可能使置换金属溶解，如：

$$Zn + \frac{1}{2}O_2 + 2H^+ \longrightarrow Zn^{2+} + H_2O$$

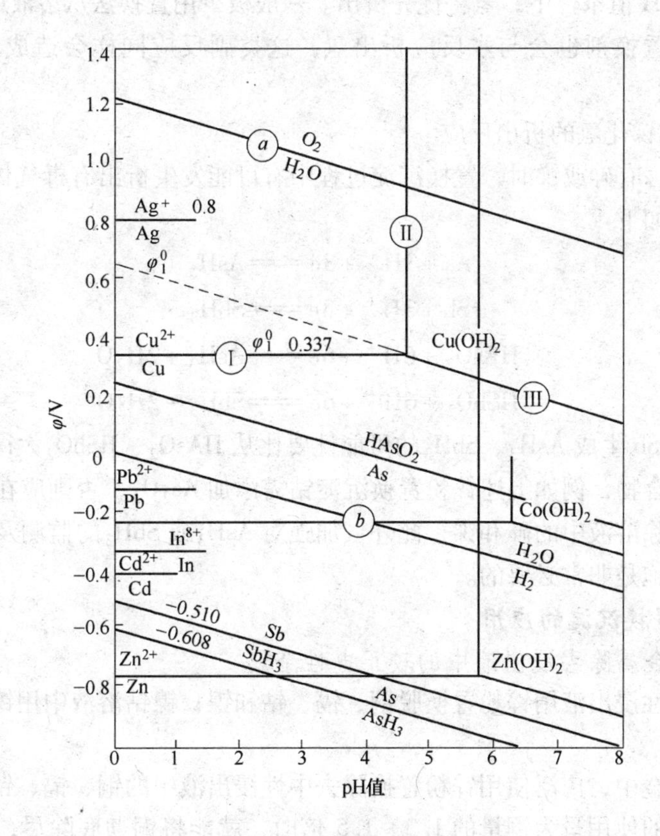

图4－4 置换净化原理

甚至有可能使被置换沉淀出来的金属返溶，从而造成置换金属的无益损耗，因此，有必要尽可能地避免溶液与空气接触，或采取措施脱除溶液中被溶解的氧，例如，用锌粉从氰化物溶液中置换沉淀金以前，将含金氰化物溶液进行真空脱气，已成为金冶炼工艺流程中一个十分重要的工序。

b 氢的析出反应

在图4－4中可以看出，金属离子将遇到一个与H^+相竞争还原的问题，为了说明这种竞争的程度，可以把金属分为三类。

第一类金属包括 Ag、Cu、As 等，它们的电位在任何 pH 值下都高于氢的析出电位(ⓑ线)，即在任何情况下都将比氢优先析出，这类杂质是很容易被除掉的；

第二类金属包括 Pb、In、Co、Cd 等，这类杂质的电位只有在较高的 pH 值条件下才高于氢的析出电位(ⓑ线)，因此，只有在较高的 pH 值条件下才能比氢优先析出。

在这类金属中，Co 属惰性金属，对氢的超电压不大，一般是难于除掉的。从热力学的角度考虑，为防止氢的析出，可以采取以下措施：

(1) 尽可能提高溶液的 pH 值以降低氢的电势；

(2) 加入添加剂，使之与被置换的金属形成合金以提高这些金属的电势，例如，在锌湿法冶金中，用锌粉置换沉积钴时便可添加 As_2O_3 以提高钴的电势。

第三类金属包括 Sb、As、Zn 等，它们的电位在任何 pH 值下都低于氢的析出电位(ⓑ线)，即在任何 pH 值条件下，氢将优先析出。一般极少用置换法从溶液中沉淀这类金属。

负电性金属置换剂也会与水反应析出氢，这类副反应同样会造成置换金属的无益损耗。

c　砷化氢或锑化氢的析出反应

酸性溶液中含有砷或锑时，置换沉淀过程中有可能发生析出有毒气体 AsH_3 或 SbH_3 的副反应，反应式如下：

$$As + 3H^+ + 3e \longrightarrow AsH_3$$

$$Sb + 3H^+ + 3e \longrightarrow SbH_3$$

$$HAsO_2 + 6H^+ + 6e \longrightarrow AsH_3 + 2H_2O$$

$$HSbO_2 + 6H^+ + 6e \longrightarrow SbH_3 + 2H_2O$$

从元素 As、Sb 生成 AsH_3、SbH_3 的可能性要比从 $HAsO_2$、$HSbO_2$ 大得多，除非特殊需要添加锑或砷化合物，例如上述锌粉置换沉淀钴需添加 As_2O_3，否则应在置换沉积过程进行之前尽可能脱除溶液中的砷和锑，此外，加强对 AsH_3 或 SbH_3 的监测及采取强有力的密封与排气安全措施是非常必要的。

4.3.1.2　置换沉淀的应用

A　用主体金属除去浸出液中的较正电性金属

如硫酸锌中性浸出液用锌粉置换脱铜、镉、钴和镍；镍钴溶液中用镍粉或钴粉置换脱铜等。

在锌湿法冶金中，广泛使用锌粉置换除去中性浸出液中的铜、镉、钴和镍。该法除铜较容易，当锌粉的使用量为铜量的 1.2～1.5 倍时，就能将铜彻底除尽，但该法除镉较困难，除钴和镍更困难。

用锌粉置换镉时，若提高温度，虽可提高反应速度，但由于氢的析出电位随温度升高而降低，在置换的同时析出的氢也增多，因此，一般除镉采用在较低温 40～60℃下操作，并使用 2～3 倍当量的锌粉。

从热力学分析，钴和镍比镉电性正，用锌粉置换钴和镍似乎比镉容易，而实际上却较难，这是因为钴和镍具有很高的金属析出超电位。

离子的析出电位随离子活度和温度而变，锌和钴的离子析出电位随温度和离子活度变化的情况见表 4－4。

表4-4 温度和离子活度对析出电位($\varphi_{析}$)的影响

电 极	离子活度	$\varphi_{析}$/V		
		25℃	50℃	75℃
Zn^{2+}/Zn	2.9	-0.769	-0.750	-0.730
	1.53	-0.800	-0.784	-0.747
Co^{2+}/Co	0.5	-0.510	-0.420	-3.46
	3.4×10^{-4}	< -0.75	-0.58 ~ -0.52	-0.45 ~ -0.4

从表4-4中可看出，温度升高，锌和钴的析出电位均往正的方向偏移，但后者偏移的幅度大，两者的差值增大，所以，为了有利于锌对钴的置换，作业温度要提高到80~90℃。离子活度降低，锌和钴的析出电位均往负的方向偏移，但两者的差值逐渐缩小，这就是加锌置换钴为何难彻底进行的另一个原因。

研究表明，使用含锑的合金锌粉具有更大的活性，即 Co^{2+} 在锑上沉积的电位比在锌上沉积的电位正得多，因而有利于锌对钴的置换。

B 用置换沉淀法从浸出液中提取金属

例如，用铁屑从硫酸铜水溶液中置换金属铜。

对含铜0.5~15g/L的硫酸铜水溶液，以铁屑作沉淀剂置换提铜，反应式为：

$$Fe + Cu^{2+} = Cu + Fe^{2+}$$

溶液的pH值控制在2左右，若酸度过大，则铁屑会白白消耗在氢的析出上，即：

$$2H^{+} + Fe = Fe^{2+} + H_2$$

酸度过小，则会导致铁的碱式盐和氢氧化物的共同沉淀，降低铜的品位。

溶液中的 Fe^{3+} 是有害杂质，同样会增加铁的消耗量：

$$2Fe^{3+} + Fe = 3Fe^{2+}$$

为了消除 Fe^{3+}，可用磁黄铁矿或 SO_2 还原：

$$31Fe_2(SO_4)_3 + Fe_7S_8 + 32H_2O = 69FeSO_4 + 32H_2SO_4$$

$$31Fe_2(SO_4)_3 + SO_2 + 2H_2O = 2FeSO_4 + 2H_2SO_4$$

沉淀下来的铜可专门处理成为纯铜，后液需回收其中的铁。

4.3.2 除杂过程

4.3.2.1 置换法除铜镉钴镍的基本反应

由于锌的标准电位较负，即：锌的金属活性较强，它能够从硫酸锌溶液中置换除去大部分较正电性的金属杂质，且由于置换反应的产物 Zn^{2+} 进入溶液而不会造成二次污染，故所有湿法炼锌工厂都选择锌粉作为置换剂。金属锌粉加入到硫酸锌溶液中便会与较正电性的金属离子如 Cu^{2+}、Cd^{2+} 等发生置换反应。

几种金属的电极反应式及氧化还原电极电位如下：

$$Zn^{2+} + 2e = Zn \qquad \varphi^{\ominus}_{Zn^{2+}/Zn} = -0.763V$$

$$Cu^{2+} + 2e = Cu \qquad \varphi^{\ominus}_{Cu^{2+}/Cu} = +0.337V$$

$$Cd^{2+} + 2e = Cd \qquad \varphi^{\ominus}_{Cd^{2+}/Cd} = -0.403V$$

$$Co^{2+} + 2e = Co \qquad \varphi^{\ominus}_{Co^{2+}/Co} = -0.277V$$

$$Ni^{2+} + 2e = Ni \qquad \varphi^{\ominus}_{Ni^{2+}/Ni} = -0.250V$$

锌粉置换法的反应式表示如下：

$$Zn + Cu^{2+} = Zn^{2+} + Cu \downarrow$$

$$Zn + Cd^{2+} = Zn^{2+} + Cd \downarrow$$

$$Zn + Co^{2+} = Zn^{2+} + Co \downarrow$$

$$Zn + Ni^{2+} = Zn^{2+} + Ni \downarrow$$

从以上反应可以看出，Cu、Cd、Co、Ni 四种金属的标准电极电位都较锌为正，但由于铜的电位较锌的电位正得多，所以 Cu^{2+} 能比 Cd^{2+}、Co^{2+}、Ni^{2+} 更容易被置换出来。在生产实践中，如果净化液中其他杂质成分能满足电积的要求，那么 Cu^{2+} 则完全能够达到新液质量标准。

湿法炼锌厂浸出液含锌一般在 150g/L 左右，锌电极反应平衡电位为 -0.752V，那么上述置换反应就可以一直进行到 Cu、Cd、Co、Ni 等杂质离子的平衡电位达到 -0.752V 时为止，即从理论上讲，这些杂质金属离子都能被置换得很完全，但这仅仅是从热力学角度通过计算得到的结果，与实际情况有很大偏差，例如，从热力学数据比较，钴的平衡电位比镉的平衡电位相对较正，应当优先镉被置换出来，但由于 Co^{2+} 还原析出的超电压较高的缘故，实际上，Co 难以被锌粉置换除去，甚至几百倍理论量的锌粉也难以将 Co 除到锌电积的要求，因此，在生产上需要通过采取其他的措施，将钴从溶液中置换沉淀出来。

4.3.2.2 影响置换过程的因素

由于铜、镉较易除去，故大多数工厂都选择在同一段将铜、镉同时除去，该置换过程受以下几个方面的影响。

A 锌粉质量

置换除 Cu、Cd 应选用较为纯净的锌粉，这除了可避免带入新的杂质外，同时可减少锌粉的用量。由于置换反应是液固相反应，故反应速度主要取决于锌粉的比表面积，因此，锌粉的表面积越大，溶液中杂质成分与金属锌粉接触的机会就越多，反应速度越快，但是，过细的锌粉容易漂浮在溶液表面，也不利于置换反应的进行。由于净化用锌粉在制备、贮藏等过程中均不可避免地有部分表面被氧化，使锌粉的置换能力大大降低，故有的工厂在净化时首先用废液将净化前液酸化，使锌粉表面的 ZnO 与硫酸发生反应，使锌粉呈现新鲜的金属表面，以提高锌粉的置换反应能力。应当指出，溶液酸化必须适当，酸度过低难以达到目的，酸度过高则会增加锌粉耗量，一般工厂控制酸化 pH 值为 3.5 ~4.0。

如果采用一次加锌粉同时除 Cu、Cd，一般要求锌粉的粒度为 -0.149 ~ -0.125mm，但有的工厂由于浸出液含铜较高，故采用两段分别除铜、镉，例如，比利时巴伦电锌厂，当溶液含铜超过 400mg/L 时，首先加粗锌粉沉铜。飞龙实业有限责任公司，当溶液含铜超过 500mg/L 时，加入粗锌粉将铜首先沉积下来，产出海绵铜后再将溶液送至除镉工段。在单设的除镉工序则可选用粒度相对较粗的锌粉。

B 搅拌速度

由于置换反应是液固相之间的反应，故加大搅拌速度有利于增加溶液中 Cu^{2+} 和 Cd^{2+} 与锌粉相互接触的机会，另外，搅拌还能促使已沉积在锌粉表面的沉积物脱落，暴露出锌粉的新鲜表面，有利于反应的进行，同时，加强搅拌更有利于被置换离子向锌粉表面扩散，从而达到降低锌粉单耗的目的，但搅拌强度过高对反应速度的提高并无明显改善，反而增加了能耗，造成净化成本上升，因此选择适宜的搅拌强度是很重要的。

锌粉置换除铜、镉时的搅拌方式宜采用机械搅拌，若采用空气搅拌，则会使锌粉表面氧化而出现钝化现象，另外，空气中的氧会使已置换析出的铜、镉等发生复溶。

C　温度

提高温度可以提高置换过程的反应速度与反应进行的完全程度，但提高温度也会增加锌粉的溶解及已沉淀析出镉的复溶，所以加锌粉置换除 Cu、Cd 应控制适当的反应温度，一般为60℃左右。

研究表明，镉在 40～45℃之间存在同素异形体的转变点，温度过高会促使镉复溶，试验结果见表 4－5。

表 4－5　温度升高对镉二价离子复溶进入溶液量的影响

温度/℃	60	61	62	63	65	66	67
Cd^{2+} 离子浓度/$mg \cdot L^{-1}$	4	4.5	5	6	9	11	13

D　浸出液的成分

浸出液含锌浓度、酸度与杂质含量及固体悬浮物等，均影响置换反应的进行。浸出液含锌浓度较低有利于置换过程中锌粉表面 Zn^{2+} 向外扩散，但浓度过低则有利于氢气的析出，从而增大锌粉消耗量，故生产实践中，一般控制浸出液含锌量在 150～180g/L 为宜。

溶液酸度越高则越有利于氢气的析出，从而产生无益的锌粉损耗，并促使镉的复溶，生产实践中，为使净化溶液残余的 Cu、Cd 达到净化要求，须维持溶液的 pH 值在 3.5 以上。

E　副反应的发生

尽管在浸出过程中已将大部分的 As、Sb 通过共沉淀的方法除去，但仍有一定量的 As、Sb 存在于浸出液中，置换过程中，尤其在酸度较高的情况下，将发生如下反应：

$$As + 3H^+ + 3e \longrightarrow AsH_3 \uparrow$$

$$Sb + 3H^+ + 3e \longrightarrow SbH_3 \uparrow$$

在实际溶液 pH 值条件下，不可避免地产生剧毒的 AsH_3 和 SbH_3 气体(后者很不稳定，在锌电积条件下 SbH_3 容易分解)，因此，应在浸出时尽可能将砷、锑完全除去。另外，在生产中应加强工作场地的通风换气，确保生产安全。

4.3.3　镉复溶及避免镉复溶的措施

前已述及，镉的复溶与温度有很大的关系，故须控制适宜的操作温度。另外，生产实践表明，镉的复溶还与时间、渣量以及溶液成分等因素有关，其中铜、镉渣与溶液的接触时间长短对镉的复溶影响较大，表 4－6 表明了净化后液中 Cd^{2+} 的浓度与尚未液固分离的铜镉渣接触时间的关系。

表 4－6　Cd^{2+} 浓度与尚未液固分离的铜镉渣接触时间对镉复溶量的影响

时间/h	0	1	2	3	4	5	6	7	8
Cd^{2+} 浓度/$mg \cdot L^{-1}$	0.4	1.2	2.3	5.1	11	25	36	50	86

由于置换析出的铜、镉渣与溶液接触的时间越长，则置换后液含镉越高，故净化作业结束后应快速进行固液分离。生产实践表明，溶液中铜、镉渣的渣量也对镉复溶有很大影响，渣量越多则镉复溶越厉害，故在生产过程中应定期清理槽罐，采用流态化净化时应尽

量缩短放渣周期。

溶液中，杂质As、Sb的存在，不仅增加了锌粉的单耗，也促使镉的复溶，因此，中性浸出时应尽可能将这些杂质完全除去，此外，还需要控制好中性浸出液中Cu^{2+}的浓度，铜离子的浓度一般控制在0.2~0.3g/L为宜。

为尽量避免除铜、镉净化过程中镉的复溶，生产实践中除控制好操作技术条件外，还须控制好适宜的锌粉过量倍数，有的工厂在除铜、镉中将锌粉分批次投入，并在净化压滤前投入少量锌粉压槽，并通过增加铜、镉渣中的金属锌粉量来减少镉的复溶。

4.3.3.1　锌粉置换除钴镍

从Co^{2+}/Co与Zn^{2+}/Zn的标准电极电位来看，溶液中Co^{2+}应完全能够被锌粉置换出来，根据理论计算，置换后溶液中Co^{2+}的浓度可以降到5×10^{-12}mg/L，但是，根据研究与实践证明，即使加入过量很多倍的锌粉，且温度达到沸腾状态下，溶液稍加酸化，并且加入可观数量的氢超电压相当高的阳离子，例如，加入含镉0.89g/L的溶液(电流密度在10A/cm^{2}时的氢超电压为0.918V)，也不能使溶液中残余的钴量降到符合锌电积所要求的程度，因此，需要加入其他的活化剂来实现锌粉置换沉钴，常用的方法有砷盐净化法、锑盐净化法及合金锌粉法。

A　砷盐净化法

砷盐法除钴是基于在有Cu^{2+}存在及80~90℃的条件下，加锌粉及As_2O_3(或砷酸钠)，并在搅拌的情况下，使钴沉淀析出。由于铜的电位较正，很容易被锌粉所置换，并附着在锌粒表面，与锌形成微电池的两极，并发生两极反应。

铜阳极上：

$$As_2O_3 + 12H^+ + 12e = 2AsH_3\uparrow + 3H_2O$$

$$Co^{2+} + 2e = Co\downarrow$$

$$2H^+ + 2e = H_2\uparrow$$

锌阴极上：

$$Zn - 2e = Zn^{2+}$$

置换出来的钴还能与铜、砷形成化合物CoAs、$CoAs_2$或CuAs等，这些化合物电位较正，促使钴有效地沉淀析出，其原则工艺流程如图4-5所示。

由于各工厂具体情况不同，采用的流程也很不一样，例如，加拿大埃克斯塔尔电锌厂采用两段周期作业净化法，即：第一段高温95℃，加入大于0.23mm的锌粉和As_2O_3，除钴和铜；第二段在75℃时，加入小于0.23mm的锌粉和硫酸铜除镉。日本神冈电锌厂采用三段砷盐净化法，即：第一段在80℃加入锌粉与As_2O_3，除钴和铜；第二段在65℃时加锌粉和三次净化渣除镉；第三段在60℃时加锌粉除残余镉。日本秋田电锌厂由于浸出液含铜高，故在三段法的基础上又在中性浸出液加了一段加锌粉除铜。这3个工厂采用二、三、四段三种不同的砷盐净化法流程，所得到的净化后液质量都很高(见表4-7)。秋田电锌厂采用四段是由于浸出液含铜高达1000mg/L以上，如果铜含量在500mg/L以下时，完全没有必要增加单独的沉铜工序。神冈厂的第三段和秋田厂的第四段是为了保证溶液质量，通过净化渣的返回利用来减少锌粉单耗，所以基本的砷盐净化法都是二段净化，第一段在高温80~95℃下加锌粉和As_2O_3除铜与钴；第二段加锌粉除镉。

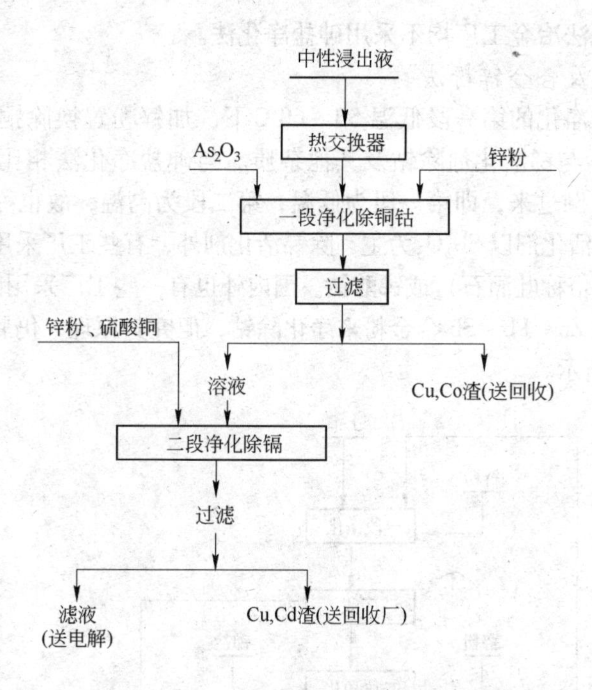

图4-5 砷盐锌粉净化法原则工艺流程

表4-7 砷盐法净化液的主要化学成分 (mg/L)

工 厂	Zn/g·L^{-1}	Cd	Cu	Co	Fe	As
埃克斯塔尔厂(加)	170	0.5	0.1	0.2	15	0.01
神冈厂(日)		痕	痕	0.3	3	
秋田厂(日)	112	0.1	痕	0.8	8	
鲁尔厂(德)	170	0.28	0.2	0.1~0.2	25	0.02
科科拉厂(芬)	152	0.5	0.1	0.45	28	0.02

采用砷盐净化法除钴，溶液中的Cu、Ni、Co、As、Sb几乎完全被除去，而镉则留在溶液中。镉为什么不被锌置换出来的原因，可能是因为在高温下，氢在镉上的超电压低，在溶液pH值为5时，镉被氧化：

$$Cd + 2H_2O \longrightarrow Cd(OH)_2 + H_2$$

砷盐净化法可以保证溶液中Co^{2+}、Ni^{2+}的去除达到要求的程度，得到高质量的净化液，Co和Ni的平均含量均小于1mg/L，但该法存在以下几个方面的缺点：

(1) 溶液含铜离子浓度不足时需补加铜；

(2) 得到的Cu-Cd渣被砷污染，不利于综合回收有价金属；

(3) 作业过程要求温度在80℃以上，蒸汽能耗较高；

(4) 净液过程中产生剧毒的AsH_3气体；

(5) 需在净化作业结束后迅速进行固液分离，否则会导致某些杂质的返溶；

(6) 锌粉消耗大。

由于砷盐净化法存在上述缺点，与目前较为普遍采用的锑盐净化法相比，并无更多的优势，故国内一般湿法冶金工厂均不采用砷盐净化法。

B　锑盐净化法及合金锌粉法

锑盐净化法是在净化的第一段低温 50～60℃下，加锌粉置换除铜镉。第二段在较高温度 85℃下，加锌粉与锑活化剂除钴及其他杂质。与砷盐净化法相比，锑盐净化法所采用的高、低温度恰好倒过来，即第一段为低温，第二段为高温，故也称逆锑盐净化。

锑盐净化的除钴活化剂以 Sb_2O_3 为主，除锑活化剂外，有些工厂采用锑粉或其他含锑物料，如酒石酸锑钾（俗称吐酒石）或锑酸钠。国内外也有一些工厂采用的是含铅 1%～2%，含锑 0.3%～0.5% 的 Zn－Pb－Sb 合金粉来净化除钴，但究其原理，仍属锑盐工艺。锑盐净化法流程如图 4－6 所示。

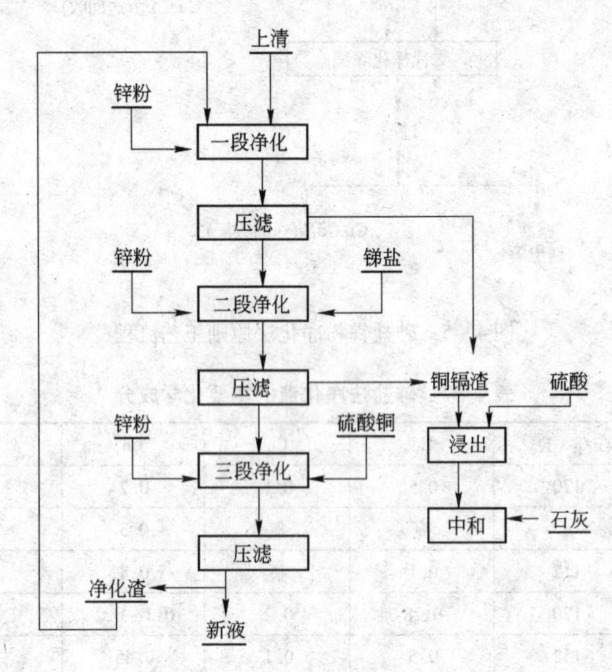

图 4－6　三段锑盐净化法流程

与砷盐净化法相比较，锑盐净化有如下优点：

（1）不需要加铜，在第一段中已除去镉，减少了镉进入钴渣量，镉的回收率较砷盐净化法高，可达 60%；

（2）铜、镉除去后，加锑除钴的效果更好，即便含钴量高达 15～20mg/L 时也能达到好的效果；

（3）由于 SbH_3 比 AsH_3 易分解，产生剧毒气体的危害性较小，故劳动条件大为改善；

（4）锑的活性大，添加剂消耗少。

由于逆锑盐净化具有上述优点，故该法在湿法炼锌厂中得到了广泛应用，实际应用中，一般采用三段净化工艺流程，即：第一段在 50～60℃时加锌粉除 Cu、Cd，一般锌粉加入量控制为理论量的两倍，固液分离所得到的 Cu－Cd 渣送综合回收提取镉。一段净化后的过滤液通过热交换器（如板式换热器或蒸汽蛇形盘管）加热到 85℃左右，加入锌粉与锑活化剂除钴、镍等杂质，固液分离所得的滤渣送去提钴。第三段净化加锌粉除残余杂质，得到含锌较高的净化渣返回除铜、镉段。采取该法净化后液中的Cu、Cd、Co、Ni的含量都可以降到1mg/L以下，电锌质量明显提高，能耗降低。

4.3.3.2 置换沉淀法除杂流程

湿法冶金工厂，由于原料差异，有的工厂中性浸出液含铜高，故采用二段净化分别沉积铜、镉，但大部分工厂都在同一净化段同时除铜、镉。由于各厂溶液成分的差异，故置换铜、镉后液成分也有不同，且产出的铜镉渣化学成分也不同，一般来说，铜镉渣含锌38%～42%，含铜4%～6%，含镉8%～16%，产出的铜镉渣送综合回收铜、镉和其他有价金属。

波兰某电锌厂采用连续两段加锌粉除铜镉，工艺流程如图4－7所示，两段分别在串联5个或3个$40m^3$的机械搅拌槽中进行，控制温度为50～55℃。锌粉是先加水浸湿后呈悬浮状态再加入净化槽中，生产1t电锌的锌粉消耗量为25～27kg，其主要技术条件控制见表4－8。该操作工艺适宜处理含镉高，含钴及其他杂质较少的浸出液。

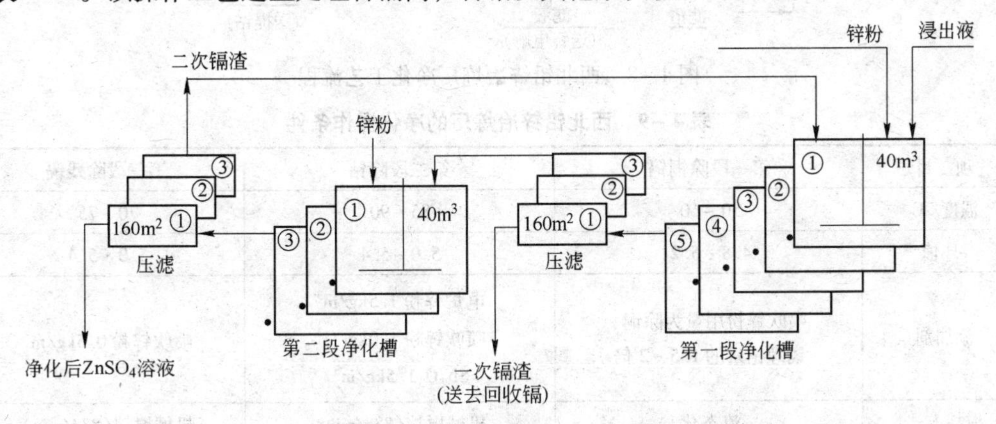

图4－7 波兰某厂两段加锌粉除铜镉的生产工艺流程
①～⑤—机械搅拌槽

表4－8 置换除铜镉的主要技术条件

项 目	株洲冶炼厂	西北铅锌冶炼厂	祥云飞龙公司	会泽铅锌冶炼厂	美国Asarco公司	
					一段除Cu	二段除Cd
温度/℃	55～60	50～60	60～65	65～70	60～65	
pH值	3.5～4.5	4.8～5.2	4.0～4.5	4.8～5.2	4.0～4.5	4.0～4.5
锌粉用量	喷吹锌粉 $2kg/m^3$	喷吹锌粉理论量的1.5～2.0倍	电炉锌粉 $1kg/m^3$	电炉锌粉 $1.5kg/m^3$	锌粉	锌粉
搅拌方式	机械搅拌	流态化	机械搅拌	机械搅拌	机械搅拌	机械搅拌
停留时间/min	60～90	15～20	60～90	60～90	45	90

4.3.3.3 置换法除钴镍工艺流程

我国西北铅锌冶炼厂原设计为二段逆锑净化流程，为了提高净化液质量，于1998年通过技术改造，改为三段逆锑盐净化流程，和1993年投产的葫芦岛锌厂电解锌分厂的净化流程相同，其工艺流程如图4－8所示，主要技术控制条件见表4－9。

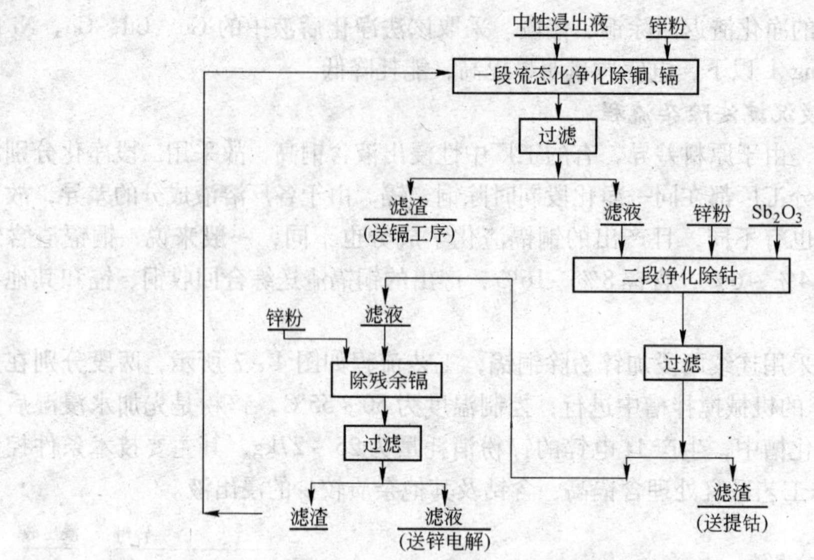

图4-8　西北铅锌冶炼厂净化工艺流程

表4-9　西北铅锌冶炼厂的净化操作条件

项　目	第一段除铜镉	第二段除钴	第三段除残镉
温度/℃	50~60	85~90	70~75
pH值	4.8~5.2	5.0~5.4	5.0~5.4
添加剂	喷吹锌粉用量为除铜、镉理论量的1.5~2倍	电炉锌粉1.5kg/m^3 喷吹锌粉1.0kg/m^3 $Sb_2O_3$1.5kg/m^3	喷吹锌粉0.5kg/m^3
搅拌方式	流态化	机械搅拌(83r/min)	机械搅拌(83r/min)
作业时间/min	15~20	90	30

我国株洲冶炼厂Ⅱ系统、云南某锌厂采用三段连续逆锑盐净化流程，与葫芦岛锌厂和西北冶炼厂相似，除钴段添加的活性剂为酒石酸锑钾，基本流程如图4-9所示。株洲冶炼厂净化各段的操作条件见表4-10。

表4-10　株洲冶炼厂逆锑盐净化各段操作条件

项　目	第一段除铜镉	第二段除钴	第三段除残镉
温度/℃	55~60	85~90	70~80
pH值	3.5~4.5	3.5~4.5	5.0~5.4
添加剂	喷吹锌粉2kg/m^3	喷吹锌粉4kg/m^3 酒石酸锑钾3kg/m^3	喷吹锌粉1kg/m^3
搅拌方式	机械搅拌	机械搅拌	机械搅拌
作业时间/min	60~90	50~180	60~90

锑盐净化法除采用传统的三段净化流程外，也有部分工厂将三段流程改为二段净化流程，如云南祥云飞龙有限责任公司和会东电锌厂均采用该法，其工艺过程为：第一段，维持在80℃以上的高温条件下加锌粉、硫酸铜和酒石酸锑钾，除铜、镉、钴，产出的净化渣送提镉并回收铜、钴；第二段，在60~70℃的温度条件下，加锌粉除残余镉，产出的净化液也完全满足电解沉积的要求，该工艺方法的操作条件见表4-11。

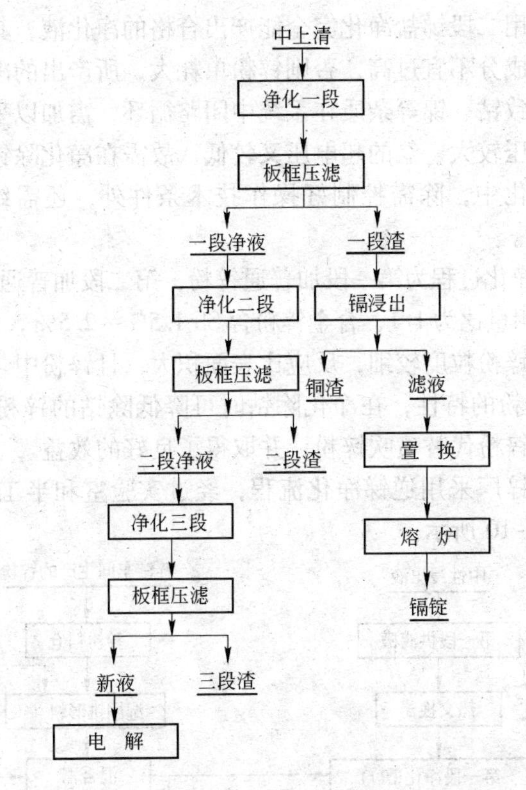

图4-9 云南某锌厂三段连续逆锑盐净化流程

表4-11 云南某锌厂锌粉-锑盐净化法工艺操作条件

项 目	第一段除铜镉	第二段除钴	第三段除残镉
温度/℃	55~65	75~85	60~70
添加剂	喷吹锌粉	喷吹锌粉 锑盐（Sb_2O_3）或酒石酸锑钾	喷吹锌粉
搅拌方式	机械搅拌	机械搅拌	机械搅拌
作业时间/min	60~120	120~180	60~90
压滤周期/min	≤5	≤4	≤4

云南飞龙实业有限责任公司二段净化技术参数见表4-12。

表4-12 云南飞龙实业有限责任公司二段净化技术参数

项 目	一段净化	二段净化
温度/℃	80~85	60~70
pH值	4.5~5.2	4.5~5.2
作业时间/min	120~180	30~60
净液槽容积/m^3	45	45
搅拌转速/$r \cdot min^{-1}$	108	108
添加剂	电炉锌粉3~4kg/m^3，酒石酸锑钾2kg/m^3， 硫酸铜按理论量加入	电炉锌粉1kg/m^3
中浸液成分	Zn：135~145g/L，Cu：300~350mg/L，Cd：0.8~0.9g/L，Co：8~12mg/L，Ni：14~16mg/L	
净化后液成分	Zn：140~150g/L，Cu≤0.2mg/L，Cd≤1.0mg/L，Co≤0.5mg/L，As≤0.2mg/L，Sb≤0.3mg/L	

生产实践表明，采用二段锑盐净化完全能产出合格的净化液，其操作步骤类似于砷盐净化法，但浸出液杂质成分不宜过高，否则锌粉单耗大，所产出的净化渣在后续处理时流程较为复杂，将可能导致钴、镍等杂质在系统中闭路循环，需加以妥善解决。

由于钴的析出超电压较大，氢的超电压又较低，故需在净化除钴时添加活化剂才能达到除钴的目的。锑盐净化中，除需控制好操作技术条件外，还需维持一定的 Sb/Co 比，一般工厂控制为 0.6～1。

我国柳州锌品厂的净化过程为第一段加普通锌粉，第二段加普通锌粉与合金锌粉除钴，普通锌粉与合金锌粉的用量比为 1:1，合金锌粉含 Sb 1.5%～2.5%，含 Pb 0.15%～0.25%。

近年来，由于电炉锌粉粒度较细，反应比表面积大，且锌粉中含有一定量的 Pb、As、Sb、Sn 等，具有合金锌粉的特性，在净化除钴时可降低除钴的锌粉单耗，故我国湿法炼锌厂越来越广泛用电炉锌粉代替喷吹锌粉，并取得了良好的效益。

澳大利亚里斯顿电锌厂采用逆锑净化流程，经过实验室和半工业试验进行了许多改进，其净化流程如图 4－10 所示。

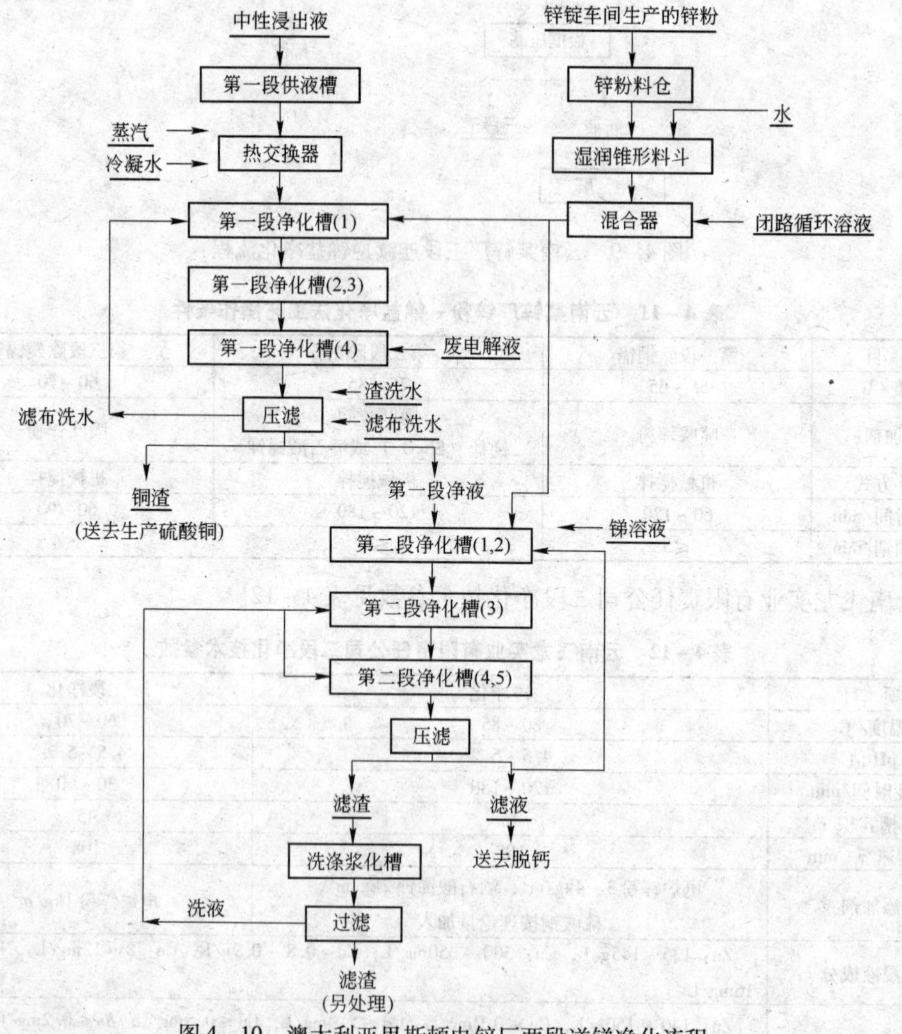

图 4－10 澳大利亚里斯顿电锌厂两段逆锑净化流程

((1), (2, 3), (4, 5) 代表某段净化工序槽号)

该流程的主要特点如下：

(1) 第一段：维持80℃以上的高温下加锌粉除铜，以保证被置换出来的镉迅速返溶，产出高品位的铜渣，进一步处理后获得硫酸铜产品，同时在4台可利用的净化槽中有3台运转，被置换出的铜渣在槽内停留时间达到80min左右，使渣中的镉足以返溶。产出的铜渣成分如下：80% Cu，2.3% Zn（总），0.3% Zn，1% ~2% Cd，0.3% Co，1.2% Pb；

(2) 第二段：维持80~82℃的高温条件，加细锌粉和锑活化剂进行净化，除去钴、镉、镍和残余的铜。细锌粉的粒径为17~241mm，较粗的细锌粉为30~35μm，锌粉含铅量0.8% ~0.9%。采用这种含铅细锌粉不仅可以避免镉的返溶，还可以减少锌粉消耗。锑活化剂加入量为0.65~1.3mg/L，溶液中的Pb^{2+}（呈$PbSO_4$）控制在10~20mg/L。产出的第二次置换渣成分为：19% Cd，1.0% Co，55% Zn，送去生产镉。

(3) 锌粉加水润湿后呈悬浮状态加入，应严格根据在线分析溶液成分来控制加入量。

4.3.4　硫酸锌溶液除钴、镍

4.3.4.1　有机试剂法除杂基础

有机试剂沉淀法除钴是通过试剂与溶液中钴、镍等杂质形成难溶的化合物被除去的方法。目前，在生产上应用的有机试剂除钴法有黄药除钴法和α-亚硝基-β-萘酚除钴法。

A　黄药除钴法

黄药是一种有机试剂，其中黄酸钾（C_2H_5OCSSK）和黄酸钠（$C_2H_5OCSSKNa$）被应用于湿法炼锌过程中的净化除钴，其机理在于黄药能与溶液中的钴、镍等重金属形成难溶的络盐沉淀。黄药与重金属形成黄酸盐的溶度积见表4-13。

表4-13　重金属黄酸盐的溶度积

黄酸盐	溶度积	黄酸盐	溶度积
$Cu(C_2H_5OCSS)_2$	5.2×10^{-20}	$Fe(C_2H_5OCSS)_3$	10^{-21}
$Cd(C_2H_5OCSS)_2$	2.6×10^{-14}	$Co(C_2H_5OCSS)_2$	5.6×10^{-9}
$Zn(C_2H_5OCSS)_2$	4.9×10^{-9}	$Co(C_2H_5OCSS)_3$	$10^{-13}\sim10^{-14}$
$Fe(C_2H_5OCSS)_2$	8×10^{-8}		

从表4-13可以看出，比锌的黄酸盐难溶的有Cu^{2+}、Cd^{2+}、Fe^{3+}、Co^{3+}的黄酸盐，所以，加入黄药便可以除去锌浸出液中的此类杂质金属离子。

黄药除钴的实质是在硫酸铜存在的条件下，溶液中的硫酸钴与黄药发生化学反应，生成难溶的黄酸钴沉淀，其反应化学方程式如下：

$$8C_2H_5OCS_2Na + 2CuSO_4 + 2CoSO_4 =\!=\!=$$
$$Cu_2(C_2H_5OCS_2)_2\downarrow + 2Co(C_2H_5OCS_2)_3\downarrow + 4NaSO_4$$

从以上化学反应式可以看出，$CuSO_4$在除钴过程中使二价钴氧化为三价钴，为氧化剂，其他的氧化剂如$Fe_2(SO_4)_3$和$KMnO_4$也可起到同样的作用，但它们会给溶液带来新的杂质，实践证明，用$CuSO_4\cdot5H_2O$（胆矾）作氧化剂效果最好，故在生产上广泛添加胆矾作氧化剂。在$ZnSO_4$溶液中若不加氧化剂，会产生大量的白色黄酸锌沉淀，这说明只有Co^{3+}才能优先与黄药作用生成$Co(C_2H_5OCS_2)_3$沉淀，另外，为使除钴效果更好，常向净化槽中鼓入空气。

由于黄药能与钴以外的其他重金属如铜、镉、铁等发生反应，因而，为减少黄药试剂的消耗，应在除钴之前首先将这些杂质尽可能地完全除去。

实践证明，黄药除钴的最佳温度应控制在 35～40℃之间，温度过高会导致黄药分解与挥发，产生一种有臭味的气体，使劳动卫生条件恶化，同时增加黄药消耗并降低除钴效率，温度过低，又会延长作业时间。生产实践中，为了加速反应的进行，所有的黄药都是预先配制成 10% 的水溶液。黄药试剂的调配只能用冷水，且不宜放置时间过长，否则会导致黄药的分解而失效，其反应式如下：

$$C_2H_5OCSSNa + H_2O \xrightarrow{35℃} C_2H_5OH + NaOH + CS_2$$

黄药在酸性溶液中也容易发生分解反应，所以当除钴溶液的 pH 值较低时，便会增加黄药单耗，除钴效率降低。采用黄药除钴时一般控制溶液的 pH 值在 5.2～5.4 之间，由于净化液中钴离子浓度较低，仅为 8～15mg/L，要使反应迅速进行而又彻底，必须加入过量的黄药，在生产实践中，黄药的加入量为钴量的 10～15 倍，硫酸铜的加入量为黄药的 1/5。

黄药还能与 Cu、Ni、Cd、Fe、As、Sb 等发生反应，故综合除杂效果较好，但是由于过量的黄药能够与锌反应生成黄酸锌沉淀，使净化渣中含有大量的锌，导致锌的损失，且净化渣含钴品位低，不利于综合回收有价金属，因此，黄酸钴渣需进行酸洗，将净化渣中的锌大部分回收，这还有利于钴渣的进一步处理。

由于黄药试剂较为昂贵，且净化过程，特别是净化渣酸洗过程中会散发出臭味，劳动条件恶化，故国内仅有少数厂家采用。

B　α－亚硝基－β－萘酚除钴法

β－萘酚是一种灰白色薄片，略带苯酚气味，冶金上用来做除钴试剂及表面活性剂。湿法炼锌电解沉积过程中若加入少量的 β－萘酚可改善锌片质量，提高电流效率。

β－萘酚用于净化除钴是因为 β－萘酚与 $NaNO_2$ 在弱酸性溶液中生成 α－亚硝基－β－萘酚，当溶液 pH 值为 2.5～3.0 时，α－亚硝基－β－萘酚与 Co^{2+} 反应生成蓬松状褐红色络盐沉淀，从而达到净化除钴的目的。其化学反应式为：

$$13C_{10}H_6ONO^- + 4Co^{2+} + 5H^+ \longrightarrow$$
$$C_{10}H_6NH_2OH + 4Co(C_{10}H_6ONO)_3 \downarrow + H_2O$$

由于 α－亚硝基－β－萘酚与溶液中 Co^{2+} 的反应很充分，因此，采用该法可将钴除得非常彻底。该法与黄药除钴法相比，其劳动条件较好，且不需单设钴渣酸洗，产出的钴渣综合回收较为便利，故国外采用该法的工厂较多，如日本的安中、彦岛，意大利的马格拉港炼锌厂等。

4.3.4.2　有机试剂法除杂过程

A　黄药除钴工艺流程

钴是以 Co^{3+} 与黄药作用形成稳定而难溶的盐，其中硫酸铜起了使 Co^{2+} 氧化成 Co^{3+} 的作用，是一种氧化剂，也可采用空气、$Fe_2(SO_4)_3$、$KMnO_4$ 等作氧化剂，因硫酸铜的氧化效果最佳，故生产实践中多采用胆矾。

如果溶液中有铜、镉、砷、锑、铁等存在时，它们也能与黄药生成难溶化合物，必然会增加黄药的消耗，因此送去除钴之前，需先净化除去其他杂质。

黄药在酸性溶液中易发生分解，使用量增大会降低除钴效率，为此，黄药除钴过程应在中性溶液中进行，一般控制溶液的pH值为5.2～5.4。当温度高过50℃时，黄药也易分解，黄药除钴的控制温度在35～40℃为宜。为了除去溶液中低浓度的钴，黄药消耗量为溶液中钴量的10～15倍，硫酸铜的加入量为黄药量的1/3～1/5。

我国株洲冶炼厂采用黄药除钴两段净化流程，第一段加锌粉连续置换除铜、镉，在特殊结构的沸腾槽中进行。第二段采用间断操作加黄药除钴，在机械搅拌槽中进行，两段净化后的矿浆用尼龙管式过滤机过滤。

主要操作控制技术参数如下：

一段净化：流态化净化槽单槽容积30m^3，处理溶液能力60～80m^3/h，上清液中铜镉比1:(3～4)，反应温度55～60℃，锌粉消耗3～4kg/m^3，管式过滤器面积64m^2/台，过滤速度0.4～0.8$m^3/(m^2 \cdot h)$。

二段净化：机械搅拌反应槽单槽容积100m^3，反应温度40～50℃，溶液pH值大于5.4，吨锌试剂单耗黄药4.5～5.0kg、硫酸铜1.0kg，作业时间15～20min，过滤器面积97m^2/台，过滤速度0.5～0.9$m^3/(m^2 \cdot h)$。

株洲冶炼厂Ⅰ系统浸出上清液与净化后液成分见表4－14，所产铜镉渣与钴渣成分见表4－15。

表4－14 浸出液与净化液成分 (g/L)

溶 液	Zn	Fe	Cd	Cu	Ni	Co	Ge	As	Sb
浸出液	130～170	0.025	0.6～1.20	0.15～0.4	0.008～0.012	0.008～0.0025	0.0004	0.00048	0.0005
净化液	140～165	0.03	0.0025	0.002	0.002	0.001	0.00004	0.00024	0.0003

表4－15 铜镉渣与钴渣的成分 (%)

净化渣	Zn	Cd	Cu	Ni	Co	As	Sb	Ge
铜镉渣	40.26	14.31	5.64	0.076	0.0212	0.278	0.088	0.0029
钴 渣	16.08	2.306	4.17	0.0022	1.67	0.23	0.1	0.0021

B α－亚硝基－β－萘酚除钴法流程

β－萘酚法除钴是向锌溶液中加入β－萘酚（$C_{10}H_6NOOH$）、NaOH和HNO_2，再加废电解液，使溶液酸度达0.5g/L H_2SO_4，控制净化温度为65～75℃，搅拌1h，钴则按下式反应生成α－亚硝基－β－萘酚钴沉淀：

$$13C_{10}H_6ONO^- + 4Co^{2+} + 5H^+ = C_{10}H_6NH_2OH + 4Co(C_{10}H_6ONO)_3 + H_2O$$

工艺技术条件及操作如下：

（1）α－亚硝基－β－萘酚溶液的配制。由于β－萘酚易溶于碱而难溶于水，且$NaNO_2$在碱性溶液中稳定，故除钴液的配制需在NaOH碱性溶液中进行，生产中，一般配制成浓度为100g/L的溶液待用。α－亚硝基－β－萘酚性能不稳定，配制成的溶液应避光保存，且放置时间不宜过长，一般不超过2h。

（2）活性炭的预处理。活性炭中夹带有较多的Fe、As、Sb等杂质，使用前应经过预处理，可用稀硫酸水溶液浸泡，再用水洗烘干待用。若使用木质活性炭吸附，也可不经预处理而直接使用。

(3) 除钴操作与控制。用硫酸将除钴前液酸化至 pH 值为 2.8 ~ 3.0，根据前液含钴量计算加入的除钴液，除钴过程需监测溶液酸度，确保 pH 值为 2.8 ~ 3.0，反应时间为 30 ~ 60min。

生产实践表明，α－亚硝基－β－萘酚除钴反应过程较为迅速，除钴后液含钴可降至 1.0mg/L 以下，反应温度对除钴效果影响甚微，但与酸度有关。

α－亚硝基－β－萘酚除钴净化工艺流程如图 4－11 所示。

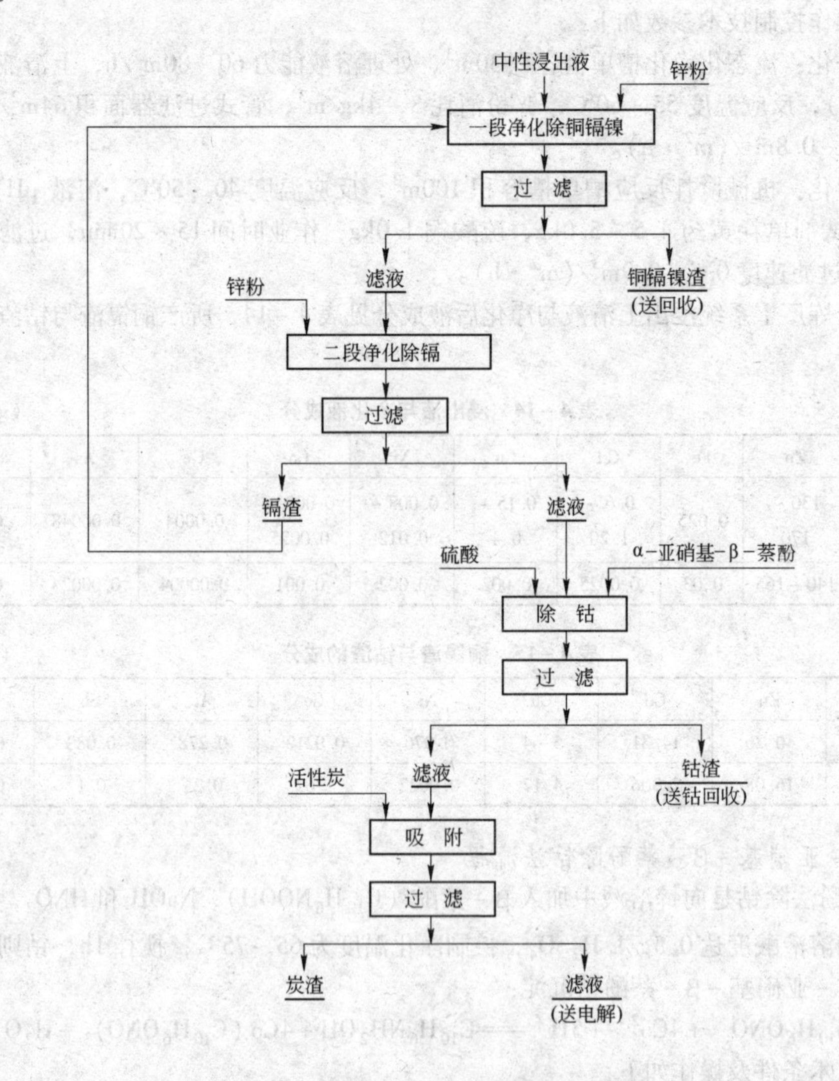

图 4－11 α－亚硝基－β－萘酚除钴净化工艺流程

除钴及吸附工艺技术参数如下：

除钴：机械搅拌反应槽容积 $35m^3$，α－亚硝基－β－萘酚浓度 100mg/L，反应温度 45 ~ 55℃，反应的 pH 值 2.8 ~ 3.0，反应时间 30 ~ 45min，α－亚硝基－β－萘酚用量 10 ~

12 倍（钴量），后液含钴 0.8～1.0mg/L。

活性炭吸附：吸附温度 40～45℃，吸附时间 60～90min，781 活性炭用量 0.8～1.2g/L，吸附后液 β－萘酚含量不大于 1.0mg/L。

α－亚硝基－β－萘酚除钴净化生产成本相对较低，工艺条件的控制也较为简单，除钴过程在 60℃以下进行，可降低蒸汽消耗，特别是钴渣可从湿法炼锌系统中单独分离出来，既可避免钴在系统中的循环积累，又便于经煅烧后回收钴，但是，与逆锑盐净化法相比，α－亚硝基－β－萘酚除钴法的综合除杂能力相对较差，浸出液中的 Fe、As、Sb、Cd、Ni 等杂质仍需用锌粉置换除去，且净化后液中残留的 β－萘酚会影响电解过程，除钴后液需用活性炭吸附，故该法推广应用受到一定的限制，尽管如此，由于该法对除钴的选择性较强，即便溶液含钴高达 50～100mg/L，也可用该法将钴彻底除去，故与其他净化方法相比，该法对于高钴溶液的净化仍具有优势。

4.4 硫酸锌溶液除氟、氯、钙、镁

中性浸出液中的氟、氯、钾、钠、钙、镁等离子含量如超过允许范围，会对电解过程造成不利影响，可采用不同的净化方法降低它们的含量。

4.4.1 除氯

一般情况下，氯的主要来源是锌烟尘中的氯化物及自来水中的氯离子。溶液中氯离子的存在会腐蚀锌电解过程的阳极，使电解液中铅含量升高而降低析出锌品级率，当溶液含氯离子高于 100mg/L 时应净化除氯。

常用的除氯方法有硫酸银沉淀法、铜渣除氯法、离子交换法等。

（1）硫酸银沉淀法。硫酸银沉淀除氯是往溶液中添加硫酸银与氯离子作用，生成难溶的氯化银沉淀，其反应式为：

$$Ag_2SO_4 + 2Cl^- = 2AgCl\downarrow + SO_4^{2-}$$

该方法操作简单，除氯效果好，但银盐价格昂贵，银的再生回收率低。

（2）铜渣除氯法。铜渣除氯是基于铜及铜离子与溶液中的氯离子相互作用，形成难溶的氯化亚铜沉淀。用处理铜镉渣生产镉过程中所产出的海绵铜渣（25%～30% Cu、17% Zn、0.5% Cd）作沉氯剂，其反应式为：

$$Cu(\text{海绵铜}) + 2Cl^- + Cu^{2+} = Cu_2Cl_2\downarrow$$

过程温度 45～60℃，酸度 5～10g/L，经 5～6h 搅拌后，可将溶液中氯离子从 500～1000mg/L 降至 100mg/L 以下。

（3）离子交换法。离子交换法除氯是利用离子交换树脂的可交换离子与电解液中待除去的离子发生交互反应，使溶液中待除去的离子吸附在树脂上，而树脂上相应的可交换离子进入溶液。国内某厂采用国产 717 强碱性阴离子树脂，除氯效率达 50%。

4.4.2 除氟

氟来源于锌烟尘中的氟化物，浸出时进入溶液。氟离子会腐蚀锌电解槽的阴极铝板，

使锌片难以剥离，当溶液中氟离子高于80mg/L时，需净化除氟。一般可在浸出过程中加入少量石灰乳，使氢氧化钙与氟离子形成不溶性氟化钙（CaF_2）再与硅酸聚合，并吸附在硅胶上，经水淋洗脱氟，便可使硅胶再生，该方法除氟率达26%～54%。

由于从溶液中脱除氟、氯的效果不佳，一些工厂采用预先火法（如用多膛炉）焙烧脱除锌烟尘中的氟、氯，并同时脱砷、锑，使氟、氯不进入湿法系统。

4.4.3　除钙、镁

电解液中，K^+、Na^+、Mg^{2+}等碱土金属离子总量可达20～25g/L，如果含量过高，将使硫酸锌溶液的密度、黏度及电阻增加，引起澄清过滤困难及电解槽电压上升。

溶液中的K^+、Na^+离子，如果除铁工艺采用黄钾铁矾法沉铁，则它们参与形成黄钾铁矾的反应而随渣排出系统。例如，日本安中锌冶炼厂经黄钾铁矾沉铁后，溶液中钾、钠离子由原来的16g/L降至3g/L。

锌电积时，镁应控制在10～12g/L以下，镁浓度过大，硫酸镁结晶析出而阻塞管道及流槽，多数工厂是抽出部分电解液除镁，换含杂质低的新液。

（1）氨法除镁。用25%的氢氧化铵中和中性电解液，其组成为（g/L）：Zn 130～140，Mg 5～7，Mn 2～3，K 1～3，Na 2～4，Cl^- 0.2～0.4，控制温度50℃，pH值为7.0～7.2，经1h反应，锌呈碱式硫酸锌（$ZnSO_4 \cdot 3Zn(OH)_2 \cdot 4H_2O$）析出，沉淀率为95%～98%。杂质元素中98%～99%的Mg^{2+}，85%～95%以上的Mn^{2+}和几乎全部K^+、Na^+、Cl^-离子都留在了溶液中。

（2）石灰乳中和除镁。印度Debari锌厂每小时抽出4.3m^3废电解液，用石灰乳在常温下处理，沉淀出氢氧化锌，将含大部分镁的滤液丢弃，可阻止镁在系统中的积累。另外，可在温度为70～80℃及pH值为6.3～6.7的条件下，加石灰乳于废电解液或中性硫酸锌溶液中，此时，可沉淀出碱式硫酸锌，其反应式为：

$$4ZnSO_4 + 3Ca(OH)_2 + 10H_2O =\!=\!= ZnSO_4 \cdot 3Zn(OH)_2 \cdot 4H_2O + 3CaSO_4 \cdot 2H_2O$$

其结果是70%的镁和60%的氟化物可除去。

（3）电解脱镁。在日本彦岛炼锌厂，当电解液中含镁达20g/L时，采用隔膜电解脱镁工艺，该工艺包括：1）隔膜电解。从电解车间抽出部分电解废液送隔膜电解槽，进一步电解至含锌20g/L；2）石膏回收。隔膜电解尾液含H_2SO_4 200g/L以上，用碳酸钙中和游离酸以回收石膏；3）中和工序。石膏工序排出的废液用消石灰中和以回收氢氧化锌，最终滤液送废水处理系统。净化过程的主要设备为净化槽和过滤器，前者有流态化净化槽和机械搅拌槽，后者常用的为压滤机和管式过滤器。

4.5　净化设备

净化过程的主要设备是净化槽，有流态化净化槽和机械搅拌槽两类。净化后的液固分离采用压滤机和管式过滤器等。

4.5.1 净化槽

4.5.1.1 流态化净化槽

我国湿法炼锌厂采用连续流态化净化槽除铜、镉，设备如图4－12所示。锌粉由上部导流筒加入，溶液由下部进液口沿切线方向压入，在槽内呈螺旋上升，并与锌粉呈逆流运动，在流态化床内形成强烈搅拌而加速置换反应的进行。该设备具有结构简单，连续作业，能强化过程，生产能力大，使用寿命长，劳动条件好等优点。

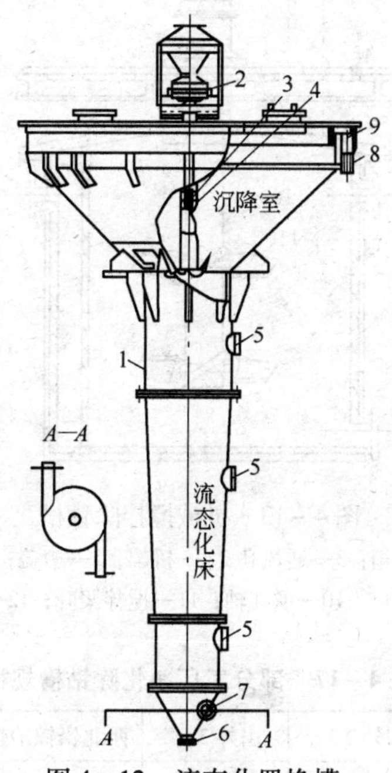

图4－12　流态化置换槽

1—槽体；2—加料圆盘；3—搅拌机；4—下料圆筒；
5—窥视孔；6—放渣口；7—进液口；8—出液口；9—溢流沟

株洲冶炼厂使用的流态化净液槽槽体为钢板焊接，除锥体部分衬胶外，其余均衬铅板。西北铅锌冶炼厂和葫芦岛锌厂使用的槽体为不锈钢焊制。各厂使用流态化槽的主要技术性能是相同的，主要性能见表4－16。

表4－16　流态化槽的主要技术性能

设备总高/mm	10130
有效容积/m^3	20
流态化层内溶液停留时间/min	3～5
作业温度/℃	55～60
搅拌器桨叶直径/mm	160
流态化层高度/mm	5900
生产能力/$m^3 \cdot h^{-1}$	60～80
溶液在槽内停留时间/min	15～20
锌粉搅拌器转速/$r \cdot min^{-1}$	400
搅拌器电机型号/kW	5041～5046，1.0

注：流态化槽为20m^3标准设计，需要台数可按单槽生产能力和日需处理上清液量计算。

4.5.1.2　机械搅拌槽

一般机械搅拌槽容积为 50~100m^3，但净化槽趋于扩大化，有 150m^3 及 220m^3 等。槽子材质有木质、不锈钢及钢筋混凝土槽体。槽内搅拌器为不锈钢制品，转速为 45~140r/min。机械搅拌净化槽可单个间断作业，也可几个槽作阶梯排列，形成连续作业或用虹吸管连续作业。图 4-13 所示为我国某厂机械搅拌除钴槽结构图，部分工厂净化槽规格见表 4-17。

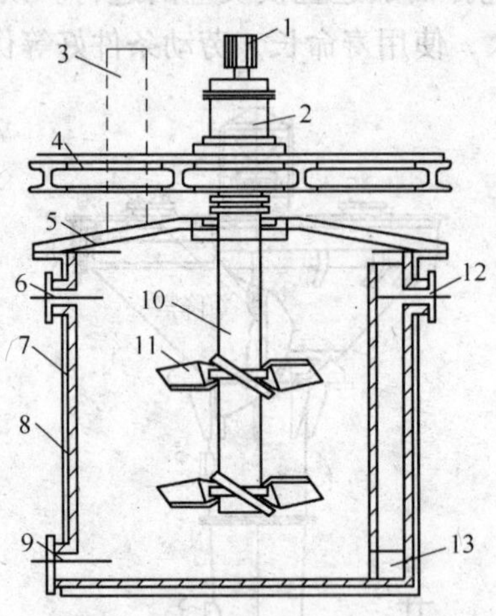

图 4-13　机械搅拌除钴槽

1—传动设置；2—变速箱；3—通风孔；4—桥架；5—槽盖；6—进液口；7—槽体；8—耐酸瓷砖；9—放空口；10—搅拌轴；11—搅拌桨叶；12—出液口；13—出液孔

表 4-17　部分工厂净化除钴槽规格

项　目	国外 1 厂	国外 2 厂	国外 3 厂	西北铅锌冶炼厂	株洲冶炼厂 Ⅰ	株洲冶炼厂 Ⅱ
直径/m	9	5.5	6.1	6.0	6	5.75
高度/m	3.15	4.7	3.2	4.5	4.5	5.5
有效容积/m^3	220			100	100	143
材　质	木质	木质	不锈钢	不锈钢	钢筋混凝土	钢筋混凝土
搅拌方式	机械	机械		机械	机械	机械

4.5.2　固液分离设备

4.5.2.1　尼龙管式过滤器

尼龙管式过滤器是我国研制成功的一种高效固液分离设备，它由 48 个过滤管组成，每个过滤管由钻有小孔的钢管套上铁线网和尼龙滤布袋组合而成。过滤时由真空泵形成的负压进行抽滤，每个过滤管均装有可监测过滤效果的玻璃管和控制闸阀，发现跑浑时可随时将跑浑管隔断而不影响其他过滤管的正常工作，过滤结束后用压缩空气反吹，使渣从滤布表面脱落并从排渣口放出。尼龙管式过滤器的结构如图 4-14 所示，技术规格见表 4-18。

尼龙管式过滤器具有制作较易、过滤速度快、滤液质量好、滤布寿命长、劳动条件好等优点，故国内株洲冶炼厂和会泽铅锌冶炼厂等工厂均使用了这种过滤设备，但是，该设备更换滤布麻烦，且排出的是稀渣，造成运输、储存不方便，其应用推广受到一定限制。

表 4-18 管式过滤器的规格

用途	过滤面积及过滤速度	材质
一次管式过滤器	$64m^2$，$0.4\sim0.8m^3/(m^2\cdot h)$	罐体钢板
一次洗水管式过滤器	$44.2m^2$	罐体钢板
二次管式过滤器	$97m^2$，$0.5\sim0.9m^3/(m^2\cdot h)$	罐体钢板
二次洗水管式过滤器	$97m^2$，$0.5\sim0.9m^3/(m^2\cdot h)$	罐体钢板

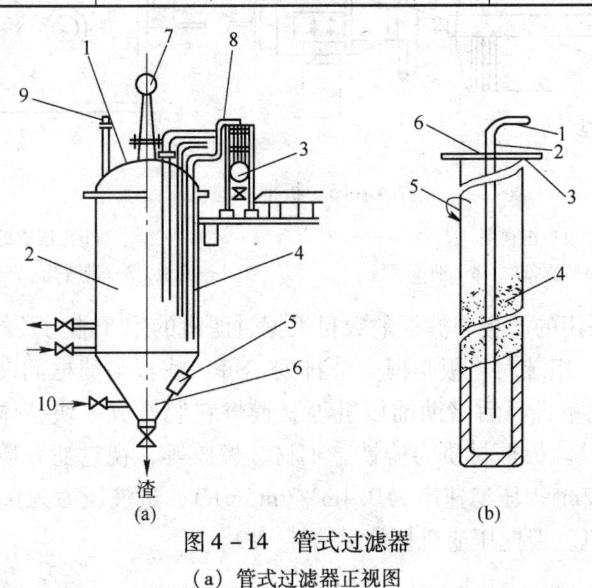

图 4-14 管式过滤器

（a）管式过滤器正视图

1—封头；2—筒体；3—聚流装置；4—过滤管；5—人孔；6—锥底；7—压力表；8—玻璃管；9—安全阀；10—进液阀

（b）过滤管示意图

1—胶皮管；2—出液管；3—盖板；4—钢管；5—涤纶袋；6—吊钩

4.5.2.2 箱式压滤机

箱式压滤机的结构与板框压滤机结构相近，其结构示意图如图 4-15 所示。两种过滤设备的差异主要是滤板的结构不同，与板框压滤机相比，箱式压滤机的滤板兼具滤板和滤框的性能，其凹陷的相连滤板之间形成了单独的滤箱，其滤板厚度达到 45mm，甚至达到 60mm，故滤板的强度大幅度得到提高，备品备件消耗降低，且设备结构简单，滤布消耗降低，设备运行较为稳定，目前已成为替代板框压滤机的主要过滤设备。

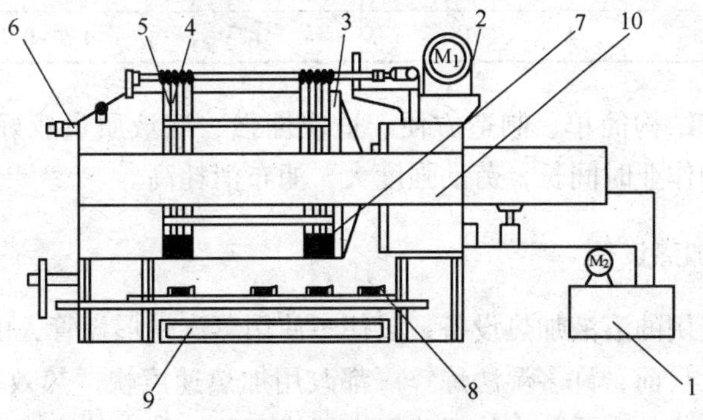

图 4-15 箱式压滤机

1—液压系统；2—滤布驱动装置；3—尾板；4—隔膜板；5—滤板（实板）；
6—压缩空气进口；7—滤液口；8—滤布洗涤系统；9—接液盘；10—机架

4.5.2.3　板框压滤机

板框压滤机是湿法炼锌净化工序应用较广的一种液固分离设备，它由安装在钢架上的多个滤板与滤框交替排列而成，如图 4 - 16 所示。

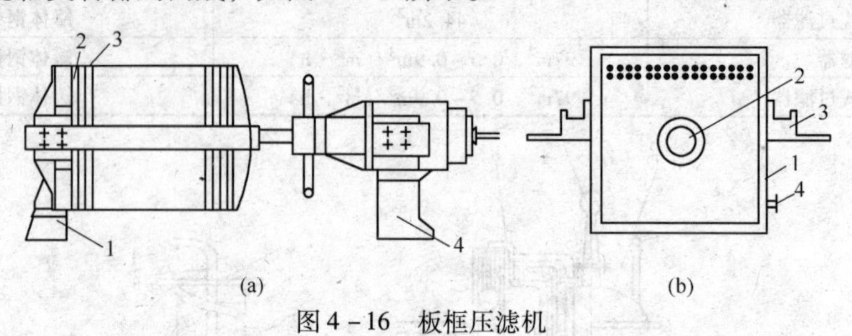

图 4 - 16　板框压滤机

（a）整体设备正视图
1—支架；2—滤板；3—滤布框；4—油压系统

（b）压滤机滤板
1—滤板；2—进液孔；3—手柄；4—出液孔

每台过滤机所采用的滤板与滤框的数目根据过滤机的生产能力及料液的情况而定，框的数目为 10 ~60 个，组装时将板与框交替排列，每一滤板与滤框间夹有滤布，将压滤机分成若干个单独的滤室，而后借助油压机等装置将它们压成一块整体。操作压强一般为 0.3 ~0.5MPa（表压）。板框材质为铸铁、木材、橡胶等，视过滤介质的性质而选定。某厂采用压滤面积为 $62m^2$，压滤速度为 $0.4m^3/(m^2 \cdot h)$，进液压力为 0.3MPa，油压顶紧压力为 30MPa 的过滤机。板框压滤机性能见表 4 - 19。

表 4 - 19　净化过滤用板框压滤机性能

项　目	株洲冶炼厂		原沈阳冶炼厂	
压滤溶液	除铜镉后液	除钴后液	除铜镉钴后液	除镉后液
压滤机板框规格/mm × mm	900 ×900	900 ×900	865 ×870	865 ×870
每台压滤机面积/m^2	62	62	35	20.35
数量/台	9	8	4	
压紧装置	液压	液压	手动	手动
压滤速度/$m^3 \cdot (m^2 \cdot h)^{-1}$	0.4	0.5	0.26 ~0.37	0.3 ~0.4
压滤时间/$h \cdot 次^{-1}$	3 ~4	5 ~6	4 ~5	6 ~8
拆装时间/$h \cdot 次^{-1}$	1	1	0.5 ~0.7	0.5 ~0.7

板框压滤机具有结构简单、制造方便、适应性强、溶液质量较好等优点，主要缺点是：间歇作业、装卸作业时间长，劳动强度大，滤布消耗高。

4.5.3　净化过程的加热设备

高温净化过程使用的溶液加热设备，以往多使用蒸汽蛇形盘管，由于传热效果差，致使加热升温速度慢，目前，许多湿法炼锌厂都改用加热速度快、热效率高的板式换热器。板式换热器按工作方式的不同分为外置式和内置式两种，其中外置式换热器又分为板式换热器和螺旋板换热器两种。螺旋板换热器，国内最早由株洲冶炼厂引进使用，板式换热器应用较为广泛。内置式换热器由多组并联的换热器组成，放置于净液槽内，其工作原理与蒸汽蛇形管相似，优点是增大了换热面积和传热传质速度，加热升温速度较快。

4.6 净化操作实例

4.6.1 净化工序工艺流程

中性浸出上清液含有铜、镉、钴、镍等杂质，不能直接送入电解，因此必须除去这些杂质，并在净化过程中富集其他有价金属。净化工序工艺流程如图4－17所示。

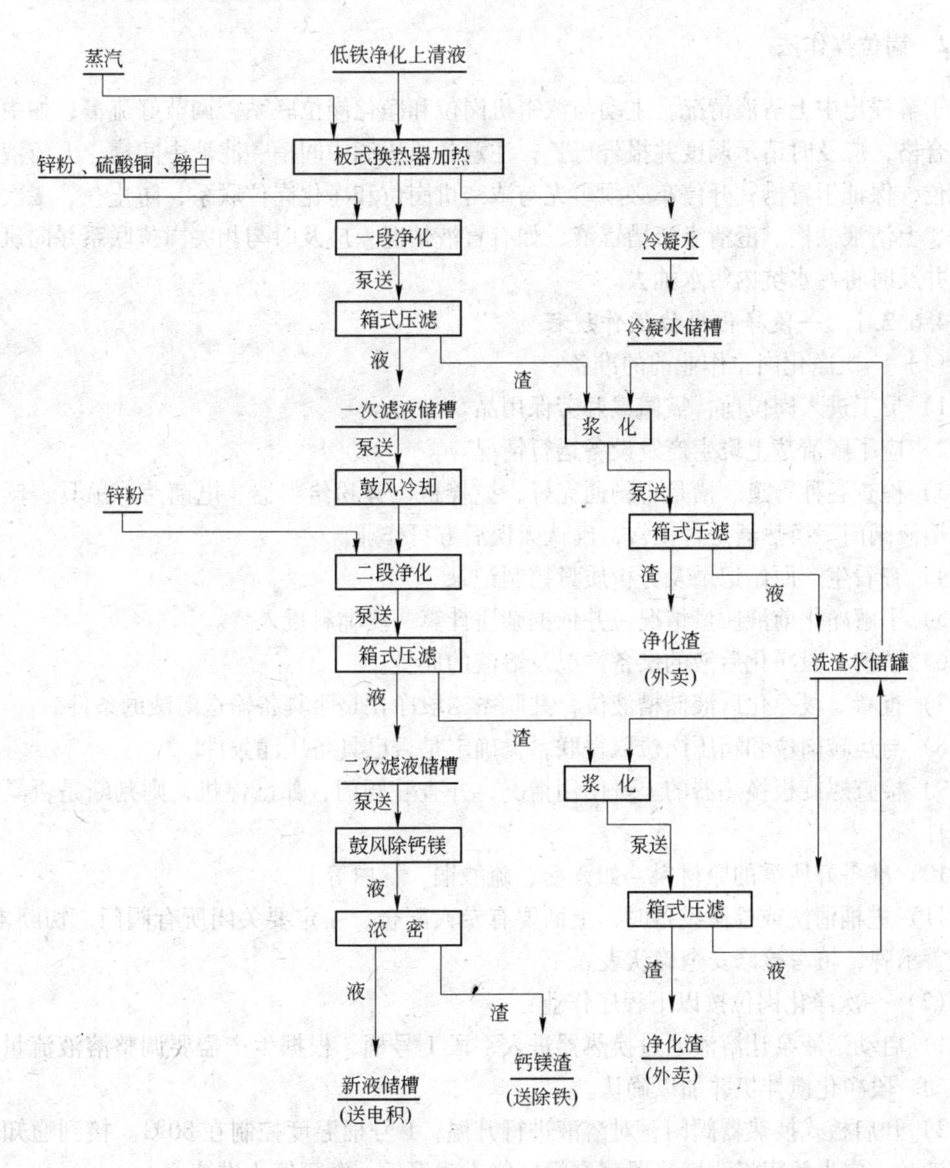

图4－17 净化工序工艺流程图

净化的主要原理是利用活性较强的金属锌将溶液中的Cu、Cd、Co、Ni离子置换出来，并沉积在渣中。根据溶液中杂质活性的差异，将整个净化工序分为两段，即除钴、镍和除铜、镉工序。在除钴、镍工序中，为了加快反应速度，提高锌粉的利用率，将反应提高到80℃以上，同时添加锌粉活化剂——硫酸铜和锑白，其主要反应式如下：

$$Co^{2+} + Zn \xrightarrow{\geq 80℃,\ CuSO_4,\ Sb_2O_3,\ 60min} Co\downarrow + Zn^{2+}$$

$$Ni^{2+} + Zn \xrightarrow{\geq 80℃,\ CuSO_4,\ Sb_2O_3,\ 60min} Ni\downarrow + Zn^{2+}$$

$$Cu^{2+} + Zn \xrightarrow{45 \sim 55℃,\ 50min} Cu\downarrow + Zn^{2+}$$

$$Cd^{2+} + Zn \xrightarrow{45 \sim 55℃,\ 50min} Cd\downarrow + Zn^{2+}$$

4.6.2 岗位操作法

了解浸出中上清液情况，主动与浓密机岗位和净化岗位联系，调节好流量；如中上清液不合格，应及时请示调度并报告班长；注意各段压滤中间槽、滤液中间槽、上清液中间槽液位，保证不冒槽；开停车必须事先与浓密机岗位和净化岗位联系，防止一、二次滤液储槽、上清液储槽、澄清溢流槽冒液；如有冒液情况，应及时与相关岗位联系并向班长报告，并及时将污水坑内污水抽去。

4.6.2.1 一段净化岗位操作规程

（1）一次净化岗位作业前的准备：

1）员工进入岗位前，需佩戴好劳保用品。

2）应了解清楚上班生产及设备运行情况。

3）检查各种管道、槽是否畅通完好，搅拌机、锌粉给料器、电葫芦、吊具、蒸汽阀门、溶液阀门、换热器是否正常，确认无误后方可作业。

4）查看生产原始记录及分析质量控制记录。

5）了解净化前液质量情况，并依据杂质计算一段辅料投入量。

6）了解一段净化后液的储备情况及溶液的质量。

7）查看一段净化后液储槽液位，并联系二段净化是否具备输送溶液的条件。

8）与运转岗位和箱压岗位取得联系，确定是否已具备压滤条件。

9）检查螺旋板换热器的上班使用情况，并查看阀门，如已停机，则判断是否具备开机条件。

10）准备好所需的原材料，如锌粉、硫酸铜、锑白等。

11）进桶清洗或检修设备时，上面要有专人配合，一定要关闭所有阀门，切断电源，并挂警示牌，填写检修安全确认表。

（2）一次净化岗位按以下程序作业：

1）启动送液泵让溶液通过换热器进入一段1号桶，根据生产需要调整溶液流量，同时启动一段净化搅拌机并加以确认。

2）开启板式换热器阀门，对溶液进行升温，1号桶温度控制在80℃。接到通知需停止进液时，应先关闭板式换热器蒸汽阀，停止蒸汽后，方可停止进液。

3）启动送液泵前，开启锌粉给料器进行加料。作业过程中，一段净化锌粉按2.0～3.5g/L加入，加入比例按1号桶60%，2号桶20%，3号桶10%，4号桶10%，锌粉量可依据生产情况进行调整。

4）根据溶液的Co、Ni、Cu、Cd含量，向1号桶补入一定量的硫酸铜和锑白，添加辅料的原则为依据杂质量计算，少量多批次加入。

5）当1号桶溶液进满流到2号、3号、4号桶时，操作方法按步骤3）进行。

6）作业过程中，每小时通知检测人员对1号、2号、4号桶出口进行取样，分析Co、Sb达到要求后方可经中间槽泵送压滤。如Co、Sb分析不合格，调整闸板将溶液流进5号反应桶，向5号桶加入适量的锌粉及辅料，同时调整前面4个反应桶中锌粉及辅料的加入量，保证4号桶在5号桶出现溢流前溶液均合格，且5号桶溢流溶液合格，此时停止5号桶进液，并及时清空5号桶。若4号、5号桶溢流均不合格，则应调整一段净化溶液处理量，将一段液返回除铁后液储罐，并对一净重新取样分析至合格为止，同时通知班长。

7）当合格溶液流至中间槽时，立即通知运转及箱压岗位，启动一段压滤泵进行压滤作业，压滤过程中注意保持滤液清亮，压滤开始5min后，取进滤液储罐的溶液，化验Co、Sb、Cu的含量。

8）生产中，发现单台搅拌桶出现设备故障必须停止生产时，通知班长，要求进行设备维护，同时，先打开该反应桶对应直溜槽的闸板，再关闭该反应桶进出口溜槽闸板，停止搅拌，反应桶进入设备检修流程。对最后反应桶的出口溶液取样分析，溶液不合格时，马上调整进液量及其余各反应桶锌粉及辅料加入量，再次取样，如仍不合格，则按步骤6）启用5号桶。

9）出现储罐滤液不合格时，通知缓冲槽进液后，应先停止换热器蒸汽，通知停止净化前液输送，关闭进液阀门，开启反应桶蒸汽，确保各槽反应温度。

（3）一次净化岗位作业完毕：

1）填写《连续净化生产原始记录》。

2）填写《厂搅拌机运行记录》。

3）对余料、废料进行回收。

4）对搅拌机、螺旋板式换热器进行卫生清理和维护，对操作平台进行清扫，做到工完、料尽、场地清。

（4）一段净化注意事项。

1）开启蒸汽阀门时须缓慢进行，以防蒸汽泄漏喷溅伤人。

2）在使用电葫芦调运锌粉时，不得斜拉斜吊，以防损坏设备安全装置，严禁带水进入锌粉库，锌粉库进出锌粉后应关闭好门窗，每班检查锌粉库安全情况。

3）作业过程中，每20min检查一次锌粉给料器和流量计，每小时检查一次搅拌机，并随时关注蒸汽压力表。

4）作业过程中必须在上风口操作。

5）添加物料时需缓慢进行，以防物料及溶液飞溅伤人。

6）维护设备卫生时，抓好扶好当心滑跌。

7）禁止用水冲洗电器设备。

8）一净压滤过程中，应经常查看一段滤液储槽液位。

4.6.3 二段净化岗位操作规程

（1）二次净化岗位作业前的准备：

1）一次净化岗位作业前准备的步骤1）、2）、3）、4）、8）。

2）了解一、二段净化滤液的储备情况及溶液的质量。

3）了解冷却塔和除钙镁浓密机的运行情况。

4）查看新液储罐的溶液质量和液位，决定是否具备输送液的条件。

5）准备好所需要的锌粉。

（2）二段净化岗位按以下程序作业：

1）通知运转岗位，启动一次滤液输送泵，让溶液进入冷却塔，溶液降温后送入二段1号桶。

2）严格控制1号桶温度为45～55℃。

3）启动送液泵前，开启锌粉给料器进行加料。作业过程中，二段净化锌粉按0.5～1.5g/L加入，加入比例按1号桶70%，2号桶20%，3号桶10%，锌粉量依据杂质含量调整。

4）当1号桶溶液进满流至2号、3号桶时，操作方法按步骤3）进行。

5）作业中，每小时通知检测人员对1号、3号桶出口取样，分析Cd、Cu成分，达到要求后，通知运转及箱压岗位启动二净压滤泵，进行压滤作业。如Cd、Cu成分不合格，则将溶液流进4号反应桶，向4号桶加入适量锌粉及辅料，同时调整前面3个反应桶中锌粉及辅料加入量，保证3号桶在4号桶出现溢流前溶液均合格，且4号桶溢流溶液合格，此时，停止4号桶进液，并及时清空4号桶。若3号、4号桶溢流均不合格，则应调整二段净化溶液处理量，并通知一段净化岗位，同时调整二段锌粉及辅料加入量，并将二段液返回二段进液中间槽，对二段进液重新取样分析至合格为止。

6）箱式压滤开启5min后，对进滤液储罐的溶液，取样分析Cd、Cu含量，达到要求后方可送下一工序。

7）生产中，发现单台搅拌桶出现设备故障必须停止生产时，通知班长，要求对设备进行维护，同时，先打开反应桶对应直溜槽的闸板，再关闭该反应桶进出口溜槽闸板，停止搅拌，反应桶进入设备检修流程。对最后反应桶出口溶液取样分析，溶液不合格时，马上调整进液量及其余各反应桶的锌粉及辅料加入量，再次取样，仍不合格，则按步骤5）启用4号桶。

8）出现储罐滤液不合格时，缓冲槽进液后，应先通知停止净化液冷却塔进液，待冷却塔出液溜槽停止后方可联系返液处理。

（3）二段净化岗位作业完毕。与一次净化岗位作业完毕相同。

（4）二段净化注意事项。同一段净化注意事项一致。

压滤岗位：

（1）根据流量大小决定开车台数，根据滤速、滤液质量决定压滤机是否应停车清洗。

（2）压滤过程中经常巡回检查，防止跑浑漏液。

（3）按工区规定更换滤布，清理结晶。

（4）密切与铜镉渣浆化岗位及二段渣调浆岗位配合，保证各种渣能顺利及时处理。

（5）压滤之前要认真检查滤嘴是否配套、橡胶导管是否清理干净、接液盘中的残渣是否清理干净。

4.6.4 铜镉渣处理操作规程

（1）调浆岗位操作规程：

1）上班时认真检查机电设备运转是否正常，润滑油是否充足，管道是否畅通，调浆液是否充足。

2）接到上料通知后打开调浆液，启动设备开始上料。

3）随时保持与浸出岗位联系，严格按照浸出岗位的要求上料。

4）接到停料通知后，停止上料。继续用调浆液冲洗调浆槽和管道，然后关闭调浆液，停止设备运转。

5）生产结束后清理设备和场地卫生，做到设备无油污，场地无杂物。

（2）浸出岗位操作规程：

1）检查管道是否畅通，设备是否完好，润滑油是否充足。

2）待一切正常后，泵入 40 ~ 50m^3废电解液，启动风机和搅拌机，通知调浆岗位开始上料。

3）上料过程中，随时与上料岗位保持联系，严防冒罐。

4）当 pH 值达到 1 时，通知上料岗位停止上料，打开蒸汽阀开始升温。

5）当温度升至 85℃以上后，继续搅拌 1h，按规定加入锰粉。

6）继续搅拌 1 ~ 1.5h 后，停止搅拌，取样分析锌、铜、锑的含量。

7）一切结束后，清理场地和设备，通知地槽岗位转液。

（3）沉铜岗位操作规程：

1）检查设备是否正常，润滑油是否充足，管道是否畅通。

2）一切妥当后，泵入 70 ~ 80m^3的浸出压滤液，打开蒸汽阀开始升温。

3）当温度升至 60 ~ 70℃后，停止加温，启动搅拌机，按要求加入已溶好的锑白。

4）加入锑白，搅均匀后，根据化验分析结果加入沉铜所需的锌粉（锌粉加入时，必须细加慢散）。

5）锌粉加入后，搅拌 40 ~ 60min，取样分析，当铜低于 200mg/L 后，通知地槽转液。

（4）除镉岗位操作规程：

1）检查设备运行是否正常，管道是否畅通，设备润滑油是否充足。

2）一切妥当后，泵入 70 ~ 80m^3的沉铜压滤液。

3）根据分析结果，准确计算出除镉所需的锌粉量。

4）启动搅拌机，缓慢加入除镉所需锌粉。

5）锌粉加入后，继续搅拌 40 ~ 60min，取样分析，当镉低于 300mg/L 后，通知地槽转液。

（5）除钴岗位操作规程：

1）检查设备是否正常，管道是否通畅，设备润滑油是否充足。

2）一切妥当后，泵入 70 ~ 80m^3 溶液，开动蒸汽加温。

3）根据分析结果准确计算出除钴所需锌粉量和锑盐量。

4）当温度达到 75℃后，关闭蒸汽，启动搅拌机，加入溶好的锑白（若 pH 值大于 3.5 ~ 4，则需调酸使 pH 值为 3.5 ~ 4）。

5）缓慢加入除钴所需锌粉。

6）锌粉加入，搅拌1.5～2h后，取样分析锌、钴含量。若钴含量低于8mg/L，可通知地槽转液。

（6）地槽压液岗位操作规程：

1）检查设备是否正常，管道是否畅通，设备润滑油、液压油是否充足。

2）检查压滤机布、板柜是否达到规定要求。

3）接到转液开压通知后，打开泵冷却水，打开阀门启动泵，开始转液开压。

4）检查压滤机运行是否正常，严禁跑浑、飙液。

5）当压完后，关闭冷却水，关闭泵阀门。

6）当压滤机滤饼达到规定要求后，松开压滤机抖渣，准备下一次开压。

复习思考题

4－1　什么是中和水解法净化？

4－2　硫酸锌浸出液用锌粉置换净化时各种杂质的行为如何？

4－3　影响锌粉除铜、镉的因素有哪些？

4－4　黄药除钴的原理是什么？

4－5　锌粉置换除钴的原理是什么？

4－6　如何选择絮凝剂？

4－7　湿法炼锌主要采用哪几种方法除铁？

4－8　中和水解的原理是什么？

4－9　影响镉复溶的因素有哪些，如何解决？

5 锌电解沉积技术

锌的电解沉积是用电解沉积的方法从硫酸锌水溶液中提取纯金属锌的过程，是湿法炼锌的最后一个工序，其基本过程是将已净化的溶液（$ZnSO_4 + H_2SO_4$）连续不断地从电解槽进液端送入电解槽中，以 Pb－Ag 合金（或其他合金）板作阳极，压延铝板作阴极，通直流电，在阳极上放出 O_2，阴极上析出金属 Zn。

随着过程的不断进行，电解液中的锌含量不断减少，而 H_2SO_4 不断增加，这种电解液称废电解液，它不断从电解槽出液端溢出，送浸出工序。阴极上的析出锌镉一定周期（24h）后取出，锌片剥下送熔化，铸锭成为成品，阴极铝板经清刷处理后再装入槽中继续进行电积。基本反应式表述为：Zn^{2+}（电解液）→Zn（阴极锌）。

5.1 锌电解沉积原理

5.1.1 锌电解过程的电极反应

5.1.1.1 阳极反应（氧化反应）

A 在阳极上可能发生的反应

正常电解时，阳极反应式为：

$$2H_2O - 4e = O_2 + 4H^+ \quad \varphi = 1.229V$$

由于

$$Pb - 2e = Pb^{2+} \quad \varphi = -0.126V$$

电位越负，越易溶解，故溶解的 Pb^{2+} 与 SO_4^{2-} 反应，易在阳极表面形成致密的保护膜，阻止铅板的继续溶解，升高了阳极电位，当阳极电位接近 0.65V 时，会有下列反应发生：

$$Pb + 2H_2O - 4e = PbO_2 + 4H^+ \quad \varphi = 0.655V$$

这样，被覆盖的铅会直接生成 PbO_2，形成更致密的保护层。

当电位超过 1.45V 时，溶液中的 Pb^{2+} 和 $PbSO_4$ 也会氧化成 PbO_2。

$$Pb^{2+} + 2H_2O - 2e = PbO_2 + 4H^+ \quad \varphi = 1.45V$$

$$PbSO_4 + 2H_2O - 2e = PbO_2 + H_2SO_4 + 2H^+ \quad \varphi = 1.68V$$

在正常电解时，阳极电位达到 1.9～2.0V 左右，所以阳极表面主要覆盖物为 PbO_2，故电解过程中，阳极反应主要是分解水放出氧气，除此之外，如果电解液中有 Mn^{2+}、Cl^- 等离子时，会发生如下等反应：

$$Mn^{2+} + 2H_2O - 2e = MnO_2 + 4H^+ \quad \varphi = 1.25V$$

$$2Cl^- - 2e = Cl_2\uparrow \quad \varphi = 1.35V$$

当氯离子存在时，析出的氯气会使阳极腐蚀，污染车间。

B 阳极主反应

工业生产上，大都采用含银0.5%～1%的铅银合金板作不溶阳极，因为有电位差和超电位存在，当通直流电后，在锌电解沉积过程的实际条件下，阳极主反应为氧的析出，即：

$$2H_2O-4e = O_2+4H^+ \quad \varphi(O_2/H_2O)=1.229V$$

5.1.1.2 阴极反应（还原反应）

A 在阴极上可能发生的反应

$$Zn^{2+}+2e = Zn \quad \varphi(Zn^{2+}/Zn)=-0.763V$$

$$2H^++2e = H_2 \quad \varphi(H^+/H_2)=0$$

$$Me^{2+}+2e = Me \quad \varphi(Me/Me^{2+})>0.34V$$

B 阴极主反应

由上面分析可知，由于有电位差和超电位存在，以及杂质金属离子（铜、镉、钴等）浓度控制在规定浓度以下（未达到放电析出条件，电位较低），故在锌电解沉积过程的实际条件下，阴极主反应为阴极锌的析出，即：

$$Zn^{2+}+2e = Zn$$

综上所述，在锌电解沉积过程中，两极上的主要反应是阳极上氧的析出和锌离子在阴极上的析出。

5.1.2 锌和氢在阴极上的析出

Zn^{2+}与H^+哪一个优先放电，由以下3个因素决定：

（1）它们在电位序中的相对位置，即电位较正的离子优先放电。

（2）它们在溶液中的离子浓度，浓度越大越易放电析出。

（3）与阴极材料有关，即决定于它们在阴极上超电位的大小，超电位愈大愈易放电，这是主要因素。

因$\varphi(Zn)=-0.763V$，$\varphi(H)=0$，而两者在溶液中的浓度以H^+更多，因此应是H^+优先放电，但由于H^+在阴极铝板上析出的超电位很大，使得H^+的实际析出电位比锌更负，因锌在铝板上的超电位很小，因此，Zn^{2+}将优于H^+在阴极放电析出。

氢的超电压η_{H_2}及其影响因素：

氢的超电压遵从塔费尔公式：

$$\eta_{H_2}=a+b\lg D_K$$

式中 a——常数，随阴极材料及表面状况，溶液组成，温度而变；

b——常数，$b=\dfrac{2\times 2.3RT}{F}$，即随温度而变；

D_K——阴极电流密度，A/m^2。

可见，η_{H_2}与下列因素有关：

（1）金属材料。当$D_K=400A/m^2$时，氢在不同材料中的超电压见表5－1。

（2）电流密度D_K。D_K增加，则η_{H_2}上升。

（3）温度。温度升高，a值降低，b值增加，但a值起主要作用，因此η_{H_2}下降。

表5－1 $D_K=400A/m^2$ 时，氢在不同材料中的超电压

阴极材料	Cd	Pb	Al	Zn	Ni	Ag	Cu	Fe	Pt
η_{H_2}/V	1.211	1.168	0.968	0.926	0.89	0.837	0.70	0.7	0.186

注：表中Cd、Pb、Al、Zn为高超电压金属。

（4）电解液组成。因$[Zn^{2+}]$是一定的，因此主要是杂质的影响，杂质在阴极的沉积会改变阴极材料，降低η_{H_2}。

（5）阴极表面状况。表面粗糙，面积增加，则D_K减小，η_{H_2}下降，因此，希望阴极表面光滑平整。

（6）添加剂量。适量的添加剂可改变阴极状况，使阴极表面光滑，则η_{H_2}增加，但过量时反而使η_{H_2}下降。

在生产中，为了不使氢离子在阴极放电析出，保证高的电流效率，总是要求有尽可能大的η_{H_2}，所以能增大η_{H_2}的措施，都能相应地提高电效。

5.1.3 杂质在电解过程中的行为

电解液中存在的杂质，将根据它们各自电位的大小及电积条件的不同，在阴极或阳极放电，现将常见的杂质分两大类讨论。

5.1.3.1 电位比锌更正的杂质

A Fe

$Fe_2(SO_4)_3$即Fe^{3+}离子，它与阴极锌反应，使锌反溶，反应式为：

$$Fe_2(SO_4)_3+Zn=\!=\!=2FeSO_4+ZnSO_4$$

生成的$FeSO_4$在阳极又被氧化，即：

$$4FeSO_4+2H_2SO_4+O_2=\!=\!=2Fe_2(SO_4)_3+2H_2O$$

可见，溶液中的铁离子反复在阴极上还原又氧化，这样白白消耗电能，降低了电效。当溶液温度升高时，有利于上述各个反应发生，因此，要求溶液中铁离子含量小于20mg/L。

B Co、Ni、Cu

Co^{2+}、Ni^{2+}、Cu^{2+}对电积过程危害较大，它们在阴极析出后与锌形成微电池，造成锌的反溶（即烧板），从而降低电效，其烧板特征分别为：

Co由背面往正面烧，背面有独立的小圆孔，当溶液中Sb、Ge含量高时，会加剧Co的危害作用，而当Sb、Ge及其他杂质含量较低时，存在适量的钴对降低阴极含铅有利，要求钴的质量浓度小于3mg/L。

Ni由正面往背面烧，正面呈葫芦形孔，要求镍的质量浓度小于2mg/L。

Cu由正面往背面烧，呈圆形透孔，要求铜的质量浓度小于0.5mg/L。

C　As、Sb、Ge

As^{3+}、Sb^{3+}、Ge^{4+}这类杂质对电解过程危害最大，它们在阴极析出时产生烧板现象，而且能生成氢化物，并发生氢化物生成与溶解的循环反应，两种作用合起来使电效急剧降低。

Sb 在阴极析出后，因氢在其上的η_{H_2}较小，因而在该处析出的氢使锌反溶，同时形成锑化氢（SbH_3），此SbH_3又被电解液还原，析出氢气，即：

$$SbH_3 + 3H^+ = Sb^{3+} + 3H_2$$

锑的烧板特征是表面为粒状，且阴极锌疏松发黑，可见，它不仅严重降低电效，还严重影响锌的物理质量。当溶液温度升高，且酸度增加时，其危害性加大，要求含锑量小于0.1mg/L。

Ge 烧板特征是由背面往正面烧，为黑色圆环，严重时形成大面积针状小孔，并伴随有如下循环反应：

$$Ge^{4+} + 4e = Ge$$

$$Ge + 2H_2 = GeH_4 \text{（锗甲烷）}$$

$$GeH_4 + 4H^+ = Ge^{4+} + 4H_2$$

要求溶液中锗的含量小于0.04mg/L。

As 其危害作用小于 Sb、Ge，烧板特征是表面为条沟状，且生成的AsH_3不被分解而逸出，要求含砷小于0.1mg/L。

D　Pd、Cd

Pb^{2+}、Cd^{2+}都能在阴极放电析出，但因氢在两者上的超电压很大，故不会形成 Cd（Pb）－Zn 微电池，也就不会使锌反溶，所以它们不影响电效，只影响阴极锌的化学质量，要求镉的含量小于5mg/L，铅的含量小于2mg/L。

5.1.3.2　电位比锌更负的杂质

A　K、Na、Mg、Ca、Al、Mn

因它们不会在阴极放电析出，因而对电锌质量无影响，但它们会使电解液黏度增加，则增大了电解液的电阻，使电能消耗略有增加，因而也略降低了电效，并且当含钙量较多时，易形成硫酸钙与硫酸锌结晶，堵塞输液管道。

B　Cl

Cl^-会腐蚀阴极，使 $Pb \rightarrow Pb^{2+}$进入溶液，从而影响阴极锌质量，故要求Cl^-的含量小于100mg/L。

C　F

F^-会腐蚀阴极的Al_2O_3膜，使锌在铝板上析出后形成 Zn－Al 合金，造成剥锌困难，同时也造成铝板消耗增加，故要求F^-的含量小于50mg/L。

5.2　锌电解工艺流程

锌电解沉积通常包括阳极制作、阴极制作、电解、净液等工序。其生产流程如图5－1所示。

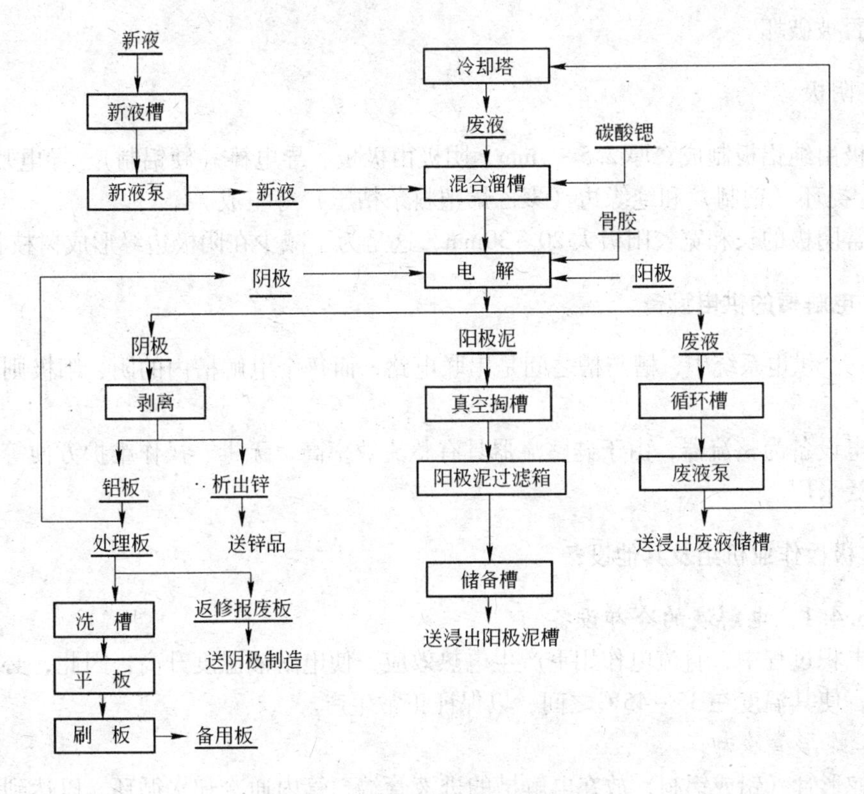

图 5-1 锌电解沉积工艺流程

5.3 锌电解沉积设备

在锌电解车间，通常设有几百个甚至上千个电解槽，每一个直流电源串联其中的若干个电解槽成为一个系统，所有电解槽中的电解液必须不断循环，使电解槽内的电解液成分均匀。在电解液循环系统中，通常设有加热装置，以将电解液加热到一定的温度，此外，还有变电、整流设备，起重运输设备、极板制作和整理设备及其他辅助设备。

5.3.1 电解槽

电解槽是电解车间的主体设备，为一长方形槽，其长度由生产规模，极间距决定，一般长为 1.5～3m，宽为 0.9～1m，其深度应保证电解液的正常循环，出液端有溢流堰和溢流口。

电解槽采用软聚氯乙烯塑料衬里的钢筋混凝土槽，并放置在经过防腐处理的钢筋混凝土梁上，槽与梁之间垫以绝缘的瓷砖，槽与槽之间有 15～20mm 的绝缘缝。

电解槽的配置采用水平式，即将所有串联槽配置在同一水平位置上。

电解槽中依次更迭吊挂着阳极和阴极。电解槽内附设有供液管、排液管（斗）、出液斗液面调节堰板等。槽体底部常做成由一端向另一端，或由两端向中央倾斜，倾斜度大约 3%，最低处开设排泥孔，较高处有清槽用的放液孔。放液排泥孔配有耐酸陶瓷或嵌有橡胶圈的硬铅制作的塞子，防止漏液。此外，在钢筋混凝土槽体底部还开设检漏孔，以观察内衬是否被破坏。

5.3.2 阴极

阴极由纯铝板制成，厚2.5～5mm，阴极由极板、导电棒（硬铝制）、导电片（铜片、铝片）、提环（钢制）和绝缘边（聚乙烯塑料条粘压）等组成。

通常阴极的长和宽较阳极大20～30mm，这是为了减少在阴极边缘形成树枝状沉积。

5.3.3 电解槽的供电设备

在一个供电系统中，槽与槽之间是串联电路，而每个电解槽内的阴、阳极则构成并联电路。

供电设备为整流器，由于硅整流器具有整流效率高、无毒、操作维护方便等优点，因此被广泛采用。

5.3.4 极板作业机组及其他设备

5.3.4.1 电解液的冷却设备

在电积过程中，直流电作用下产生电热效应，使电解液温度升高，因此，必须对其进行冷却，使其温度在35～45℃之间，以保证正常生产。

A 蛇形管冷却

将蛇形管（铅或铝制）放在电解槽的进液管端，管内通冷却水循环，以达到冷却的目的。蛇形管冷却的缺点是受地区限制大，如南方炎热，水温高，不能保证冷却温度，同时，因为是间接传热，故冷却效率低，蛇形管占用电解槽体积，因而降低了电解槽的生产率。

B 空气冷却塔集中冷却

电解液从上至下通过一个塔内，在塔的下部强制鼓风，冷风与电解液逆向运动，达到蒸发水分、带走热量、降低电解液温度的目的。该法是目前较常用的冷却方法，其缺点是动力消耗大，受地区季节和空气湿度的限制。

C 真空蒸发冷却

真空蒸发冷却在真空蒸发冷冻机内进行，电解液从高位槽进入第一效蒸发器，再经第二效、第三效后排出，使电解液温度从45℃降至29～35℃。

真空蒸发冷却的基本原理是液体在真空条件下，水分蒸发，吸收蒸发潜热，从而降低了液体温度，并缩小了液体体积。其优点是不受地区和季节限制，能保证电解液的冷却温度。

采用冷却电解液，可缩小液体体积，这对稳定整个湿法系统的体积平衡很有作用。由于冷却过程蒸发了一部分水分，这就可以增多浸出渣的洗涤用水，因而可提高锌的回收率，但是由于电解液水分蒸发，体积缩小，温度下降，使溶液中硫酸钙浓度增大，并易以结晶方式析出，粘于管道、溜槽和蒸发器上，且逐渐加厚，妨碍了电解液的循环，特别是水质含钙、镁高时尤甚，故必须定期清理。

5.3.4.2 电解液循环系统设备

电解生产过程中，电解液必须不断地循环流通，在循环流通时，一是补充热量，以维持电解液具有必要的温度，二是滤除电解液中所含的悬浮物，以保持电解液具有生产高质量阴极锌所需的清洁度。

循环系统的主要设备有循环液储槽、高位槽、供液管道、换热器和过滤设备等。

5.4　锌电解沉积操作

5.4.1　阳极制作

启动吊车，将电铅或废阳极（废阳极上的阳极泥和塑料夹应除去）吊入熔化锅内熔化，用铁钩捞出铁皮及铜棒，铁皮送至废品库，铜棒送至酸洗房待酸洗。按配比规定加入废阳极和铅锭，待进满料后，升温至600℃，加入适量的氯化铵充分搅拌，然后捞出浮渣，倒入渣斗，按阳极成分配比要求加入其他元素，使之生成合金。

启动设备生产阳极，把阳极吊出后进行焊补或其他处理。检查阳极板是否达到质量要求，合格后整齐堆码。将铜棒放进洗槽，用硝酸洗干净后将铜棒擦干、摆好，经平整后备用。阴、阳极制造工艺流程如图5－2所示。

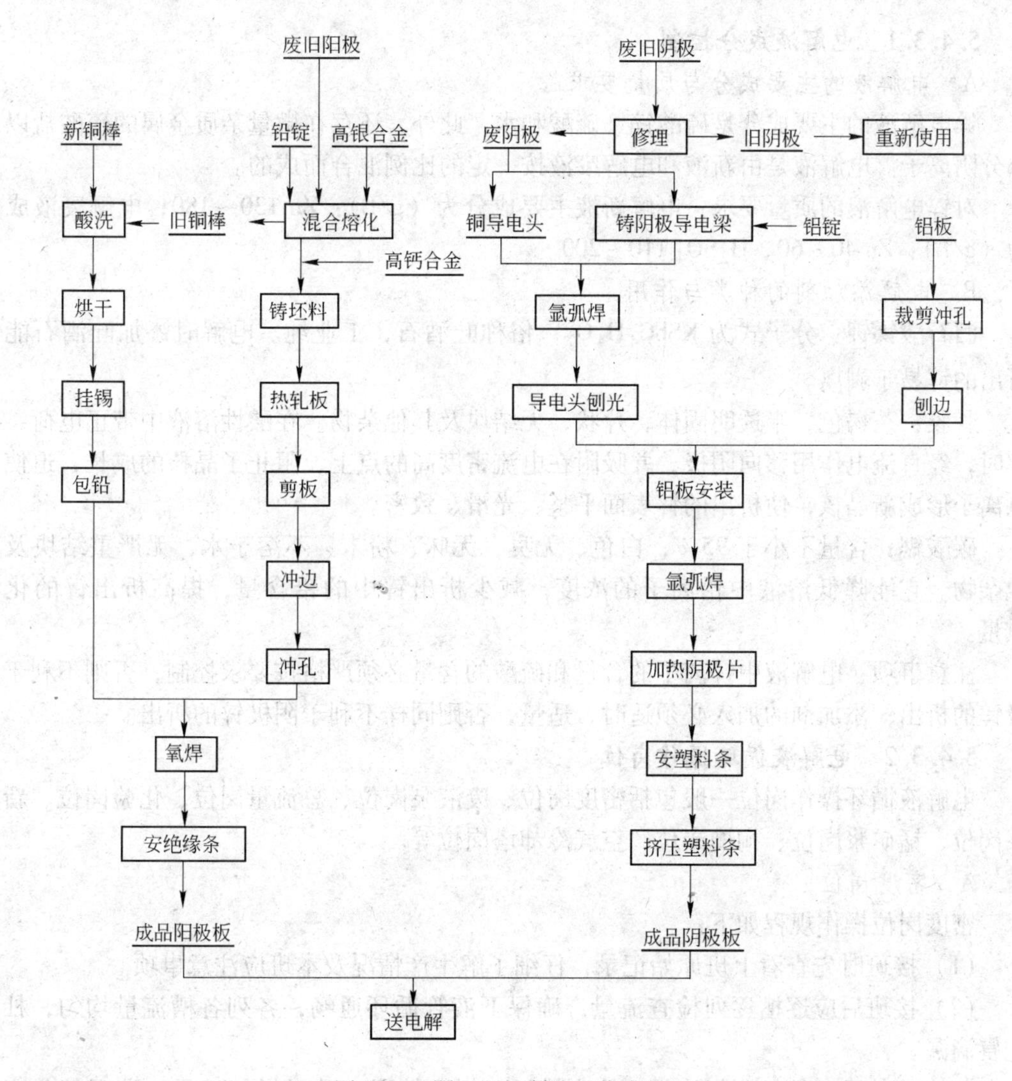

图5－2　阴、阳极制造工艺流程

注意事项：注意铅水、硝酸烫伤，工作时戴好防护罩；阳极模使用中应注意错位和所铸阳极板超重现象。

5.4.2　阴极制作

阴极板为纯铝 $w(Al > 99.7\%)$ 压延板，板面平整光亮、无夹渣、裂纹，在5%～10%的硫酸锌电解废液中浸泡24h后无明显缺陷，其上部熔铸、焊接铝质导电棒及挂耳或吊环，两边夹以高压聚乙烯特制异形条。铸阴极横梁时，铝液温度为800～900℃，粘边时，阴极板预热箱温度为350～400℃，预热时间为30min，塑料条预热温度为100～150℃，模压定形时间大于8min。阴极制造工艺流程如图5-2所示。

注意事项：焊接阴极所用的氧气、乙炔具有易燃、易爆、禁油的特性，使用时应根据这些特性做好防护，如氧气瓶冬季冻结只能用热水解冻、氧气与乙炔不能混合存放等。

5.4.3　电解液循环

5.4.3.1　电解液成分控制

A　电解液的主要成分与质量要求

锌电解液的主要成分是硫酸锌、硫酸和水，此外，还存在微量杂质金属的硫酸盐以及部分阴离子。电解液是由新液和电解废液按一定的比例混合而成的。

对锌电解液的质量要求：电解新液主要成分为（g/L）：Zn 130～180；电解废液成分为（g/L）：Zn 40～60、H_2SO_4 110～200。

B　电解添加剂的种类与作用

酒石酸锑钾：分子式为 $KSbC_4H_4O_7$，俗称吐酒石，工业纯。电解时添加吐酒石能使析出的锌易于剥离。

骨胶：茶褐色，半透明固体，片状，无结块及其他杂物。在酸性溶液中带正电荷，电解时，经直流电作用移向阴极，并吸附在电流密度高的点上，阻止了晶核的成长，迫使放电离子形成新晶核，使析出的锌表面平整、光滑、致密。

碳酸锶：含量不小于95%，白色、无臭、无味、粉末、不溶于水，无严重结块及其他杂物。它能降低溶液中铅离子的浓度，减少析出锌中的铅含量，提高析出锌的化学质量。

注意事项：电解液中锌离子的含量和硫酸的含量必须严格按要求控制，否则不利于阴极锌的析出；添加剂的加入必须适时、适量，否则同样不利于阴极锌的析出。

5.4.3.2　电解液循环操作岗位

电解液循环操作岗位一般包括密度岗位、废液泵岗位、总流量岗位、化验岗位、新液泵岗位、锰矿浆岗位、掏槽岗位、空气冷却塔岗位等。

A　密度岗位

密度岗位操作规程如下：

（1）接班时先查看上班原始记录，仔细了解生产情况及本班应注意事项。

（2）接班后应逐槽逐列检查流量，确保下液管循环通畅，各列各槽流量均匀，杜绝跑冒滴漏。

（3）按技术条件控制好流量，检查槽温、析出情况，及时做好记录。发现偏差应及时向班长等有关人员汇报，并做出相应调整。

（4）晚班在凌晨1点、3点取析出锌代表样，观察析出情况。

（5）出槽前2h左右进行析出锌取样，按每个生产班组所管电解槽生产的析出锌组成一批，送质量检验。

（6）每班对工艺设备进行巡视检查。每次巡检完毕，要做好情况记录。若发现电解槽严重漏液时应采取临时措施保持液面，同时将情况报告上级部门，并通知维修人员进行修补。

B 废液泵岗位

废液泵岗位操作规程如下：

（1）仔细查看交班记录，详细了解生产情况和必须注意的事项，认真检查每台设备运行情况和备用设备的完好情况，检查工具、材料是否齐备、完好，本岗位处理不了的问题，应报告班长或者维修人员处理。

（2）与相关岗位联系，确定启动泵号，按设备操作规程检查泵、管道等设备是否完好，同时通知流量岗位注意流量变化，防止跑液。

（3）对泵房污水、废水池的污水按要求及时回收。

（4）下班前打扫卫生，清理工具，及时填写记录，进行设备维护、润滑保养。

C 总流量岗位

总流量岗位操作规程如下：

（1）班前认真查阅上班记录，了解生产情况并向本班各岗位交代清楚，凡需要维修设备故障，当班人员应及时与有关维修人员或管理部门联系登记或汇报。

（2）接班后详细检查总流量及其分配情况，注意废液罐、新液罐等的体积变化，防止跑液、冒液，防止新液罐底渣进入电解槽。

（3）认真执行巡检制度，控制总流量充足、稳定、均衡，当需要进行总流量调整的应通知有关岗位。

（4）根据化验结果控制废液酸、锌含量及废液酸、锌比在技术条件控制范围内，如遇生产不正常而达不到规定要求时，应及时报告上级部门。

（5）接班半小时内取新液样酸化后送分析测试中心，取样器内余液倒回新液溜槽，放置好取样器。注意观察新液质量，发现新液有异常情况，应立即报告上级部门。

（6）及时从分析测试中心取回新液化验单和取样筒，将结果填写在原始记录上，如某元素不合格，应立即报告上级部门。

（7）下班前认真填写交接班记录并向上级部门汇报本班生产情况。

D 化验、新液泵岗位

化验、新液泵岗位操作规程如下：

（1）查看上班记录，了解生产情况及当班注意事项，检查化验仪器、用具、试剂是否完好、齐备，检查新液泵的运作和备用泵的完好情况。

（2）每班对混合液及各系列废液采样，化验酸、锌成分4次，用中和容量法测定硫酸、EDTA容量法测定锌量，每次化验结果及时通知总流量岗位，并填写化验记录，发现问题，分析原因，提出处理意见，每次化验完毕应洗净所有器皿，摆放整齐，填写记录，向班长报告异常情况。

（3）交班前维护好本岗位所管的设备、仪器、用具，打扫现场卫生，填写原始记录。

E　锰矿浆岗位

锰矿浆岗位操作规程如下：

（1）班前查看上班记录，了解生产情况，逐一检查每台设备是否完好。

（2）将料仓装足二氧化锰和碳酸锰，倒二氧化锰和碳酸锰时应注意捡出破布、砖块等杂物，以免损坏圆盘给料机。

（3）按要求停、送锰矿浆。

（4）早、中班负责接收二氧化锰、碳酸锰和阳极泥，接收二氧化锰、碳酸锰时需督促送料单位将二氧化锰、碳酸锰分别堆放厂房内，以免雨水淋湿结块。

（5）工作完毕后及时打扫现场卫生，填写原始记录。

F　掏槽岗位

掏槽岗位操作规程如下：

（1）掏槽前向总流量岗位了解生产情况，报告准备所掏列数，如情况不宜掏槽，应向生产调度报告，请示是否停掏。

（2）掏槽前检查各自使用的工具、设备是否完好，并做好相关的准备工作，通知密度岗位适当加大掏槽列的流量，与锰矿浆岗位联系好送液时间。

（3）吊出槽内小于1/3的阴阳极板，再用水将槽间板冲洗干净后，即可开始抽液。掏槽操作，必须始终保持槽内液面高度在2/3以上。槽内阳极泥应掏干净，所有其他杂物应取出，送往指定堆放地点，同时应保护电解槽，防止损坏槽。

（4）当清理完毕一个电解槽时应检查电解槽有无损坏，应及时做好记录。灌液时不能冒槽，每槽掏完后装好极板，检查导电情况，调正错牙，调匀极距。

（5）掏槽将结束时，提前两槽的时间通知密度岗位恢复正常流量，防止冒槽，当掏槽全部结束即收拾工具，打扫现场卫生，填写原始记录，并汇报掏槽情况与所掏的列、槽数。

G　空气冷却塔岗位

空气冷却塔岗位操作规程如下：

（1）开车前检查塔体、捕液装置、进液和淋液装置、结晶清理孔是否完好。风机、电机、地脚螺丝等紧固件是否牢固可靠。电机地线、风机、减速机护罩等安全装置是否完好。转动部分是否有障碍物，可用手转动风机叶片1～2转。风机护网是否完好。

（2）与相关岗位联系，按要求开、停车，每隔两小时记录一次各塔出液温度和电机电流。经常检查设备运行情况，发现风机响声异常或其他故障时应立即停车检查处理。

（3）按时按量添加碳酸锶，倒入碳酸锶时应先停搅拌机，倒完后及时捞出杂物，调整好水量，然后启动搅拌机。

（4）下班前认真填写有关记录，并向流量岗位汇报本岗位设备运行情况。

电解的主要技术条件：槽温38～42℃；流量均匀、稳定；槽电压3.2～3.6V；电流密度300～600A/m^2；析出周期24h。

注意事项：技术条件控制中，要根据不同的电流密度情况，调整电解液中酸、锌含量以及槽温；酸、锌比的化验作为技术条件的重要参考依据，必须化验准确。

5.4.3.3 电解液净化操作

湿法炼锌在中性浸出过程中，铁、砷、锑、锗等大部分通过中和水解作用从溶液中除去，但仍残留铜、镉、镍及少量砷、锑、锗等杂质，这些杂质的存在不符合锌电积的要求，将显著降低电积电流效率与电锌质量，增大电能消耗，对锌电积极为有害，故必须进行净化，一方面除去有害杂质，提高硫酸锌溶液的质量，另一方面有利于有价金属的综合回收。

硫酸锌溶液的主要杂质分为两类。第一类为铁、砷、锑、锗、铝、硅酸等，第二类为铜、镉、钴、镍等。

对于第一类杂质，在中性浸出过程中，控制好矿浆的pH值即可大部分除去。

对于第二类杂质，则需向溶液中加入锌粉并加入Sb盐、As盐等添加剂，使之发生置换反应沉淀除去，或者向溶液中加入特殊试剂，如黄药等，使之生成难溶性化合物沉淀而除去。

世界各国的湿法炼锌厂，硫酸锌溶液净化大多采用砷盐法和反向锑盐法，以达到深度净化的目的。

硫酸锌的中性上清液经过净化后所得到的产物，即净化后液，其质量标准为（g/L）：Zn 130 ~ 180，Cu ≤ 0.0002，Cd ≤ 0.0015，Fe ≤ 0.03，Ni ≤ 0.001，Co ≤ 0.001，As ≤ 0.00024，Sb≤0.0003，Ge≤0.05，F≤0.05，Cl^- ≤0.2。

溶液呈透明状，不混浊，不含悬浮物。

硫酸锌溶液净化的几种代表方法见表5-2。

表5-2 硫酸锌溶液净化的几种代表方法

流程类别	一段净化	二段净化	三段净化	四段净化	工厂举例
黄药净化法	加锌粉除Cu、Cd，得Cu-Cd渣，送提Cd并回收Cu	加黄药除Co，得Co渣，送去提Co			株洲冶炼厂
锑盐净化法	加锌粉除Cu、Cd，得Cu-Cd渣，送回收Cd、Cu	加锌粉和Sb_2O_3除Co，得Co渣，送回收Co	加锌粉除Cd		西北冶炼厂、Clarksville厂（美）
砷盐净化法	加锌粉和As_2O_3除Cu、Co、Ni，得Cu渣回收Cu	加锌粉除Cd，得Cd渣，送提Cd	加锌粉除复溶Cd，得Cd渣，返回二段	再进行二次锌粉除Cd	神冈厂（日）、秋田厂（日）、沈阳冶炼厂
β-萘酚法	加锌粉除Cu、Cd，得Cu-Cd渣，送提Cd并回收Cu	加α-亚硝基-β-萘酚法除Co，得Co渣，送回收Co	加锌粉除复溶Cd，得Cd渣	活性炭吸附有机物	安中厂（日）、彦岛厂（日）
合金锌粉法	加Zn-Pb-Sb合金锌粉除Cu、Cd、Co	加锌粉除Cd	加锌粉溶Cd		柳州锌品厂

注意事项：电解液净化方法有很多种，需重点掌握的是黄药净化法和锑盐净化法；硫酸锌溶液中杂质的存在对锌电解非常有害，因此，净化后液必须达到质量标准。

5.4.4　出装槽

5.4.4.1　阴阳极的处理及物化要求

A　阴极的处理

新阴极应先平整后经咬槽、热水浸泡除去表面油污，再通过刷板处理，拧紧导电片螺丝，以备出装槽使用。

带锌阴极在剥离析出锌时，表面常有剥不下的析出锌，必须铲掉板面的析出锌，平直板棒。遇到个别铲不下的带锌阴极，放入咬槽处理。

对于不能继续使用的废阴极，必须卸掉导电头和阴极上的附着物，然后送阴、阳极制造工序回收。

B　阳极的处理

阳极的处理如下：

(1) 上新阳极。将新阳极片放在专用平板台上进行平整后，两边套上绝缘塑料夹待用。

(2) 平阳极板。对弯棒、塌腰、露铜、鼓泡、接触、穿孔的阳极板进行平整，要求铲净阳极泥，平直板棒。更换孔洞直径大于40mm或露铜严重的阳极。

(3) 废弃阳极。对生产中不能用的阳极，铲净阳极泥，卸下绝缘塑料夹，分类集中堆放，转运至阳极班重新浇铸。

C　阳极化学成分与物理规格

阳极化学成分：Pb－Ag二元合金含银量一般为0.5%～1%，其余为Pb。多元合金则各厂的情况各有不同。

物理规格为无飞边毛刺，不露铜，无缺陷，焊补平整。

D　阴极化学成分与物理规格

阴极由纯铝板（铝含量不低于99.7%）制成，厚2.5～5mm，由极板、导电棒（硬铝制）、导电片（铜片、铝片）、提环（钢制）和绝缘边（聚乙烯塑料条粘压）组成。

通常阴极的长和宽较阳极大20～30mm，这是为了减少在阴极边缘形成树枝状沉积。

物理规格：

(1) 导电棒无裂缝、无飞边毛刺，浇口平整、螺孔完整；吊环、挂耳无裂纹及缺陷。

(2) 板、棒及挂耳或吊环须平整、垂直，焊缝表面无夹渣及残留焊药。

(3) 塑料边整齐，无流淌、错位现象，底端与板齐平。

注意事项：新阴极在使用前，先经过咬槽处理，这对于锌的析出及阴极的使用寿命有一定的好处；废弃阳极要把握好穿孔的大小。

5.4.4.2　清理电解槽及供电线路、导电母线和溜槽

A　清理电解槽——掏槽

操作分为横电操作、抽液及掏阳极泥、灌液与装槽几个步骤：

(1) 掏槽前向流量岗位了解生产情况，报告准备所掏列的槽数。如果情况不宜掏槽，则应向调度报告，请示是否停掏。

(2) 掏槽前准备。认真检查各自使用的工具、设备是否完好，对于吊车和地槽泵则按其操作与维护规程进行操作，通知比重岗位适当加大掏槽列的流量，与锰矿浆岗位联系

好送液时间。

（3）掏槽操作，必须始终保持槽内液面高度在2/3以上。

（4）吊出槽内小于1/3的阴、阳极板，再用水将槽间板冲洗干净后，即可开始抽液。

（5）槽内阳极泥应掏干净，所有其他杂物应取出，送往指定堆放地点，同时应保护电解槽，防止损坏。

（6）当清理完毕一个电解槽时，应检查电解槽有无损坏，如有，应及时做好记录，通知维修人员处理。灌液时不能冒槽，每槽掏完后装好极板，检查导电情况，调正错牙，调匀极距。

（7）掏槽将结束时，提前两槽的时间通知比重岗位恢复正常流量，防止冒槽，当掏槽全部结束后收拾工具，打扫现场卫生，填写原始记录，并向调度汇报掏槽情况与所掏的列、槽数。

B 清理供电线路

检查整个供电回路，紧固所有母线接头夹板螺丝，清除绝缘缝、绝缘瓷瓶以及母线板上的所有杂物、结晶，擦亮首尾槽母线，确保导电良好，减少漏电。

C 电解槽及供电线路的配置方式

电解槽按列次组合配置在一个水平面上，构成供电回路系统。如某厂每240个电解槽配以一个供电系统（即一个回路），在这个系统中，又按每40个串联的电解槽组成一列，共6列。在每一列电解槽内，每个槽中交错装有阴、阳极，同极距离（中心距）58～60mm，槽与槽之间，依靠阳极导电头与相邻一槽的阴极导电头片搭接来实现导电，列与列之间设置导电板，将前一列或最后一槽与后一列的首槽接通，因此，在一个供电系统中，列与列、槽与槽之间是串联电路，而每个电解槽内的阴、阳极则构成并联电路。

D 电解液的循环系统

由冷却塔或蒸发冷冻机冷却后的电解液，经中间槽自流，或用泵送到供液溜槽，再从供液溜槽侧下部的软胶管供给每个电解槽。经电解沉积后的电解液，从电解槽出液端的溢流堰溢出，先在溜槽中汇集，以后流入地槽，用泵送至浸出工序。当电解作业采用大循环时，有部分废液则应送去先与新液混合后冷却，或先冷却后与新液混合供给电解槽。

注意事项：掏槽时，注意析出情况，反溶严重时，要立即停止掏槽；清除绝缘瓷瓶以及母线上的杂物时，应先将电流降低，以防被电击；紧固母线接头夹板螺丝时，要交叉对称进行，不可用力过大，以防崩断螺杆。

5.4.4.3 出装槽操作

A 出装槽的操作内容

出装槽是每隔24h（也有的工厂是48h或16h），将每个电解槽内带锌阴极取出送去剥锌，再将符合要求的阴极铝板装入电解槽，继续进行电解沉积。出装槽操作质量的好坏，直接影响到电流效率的提高和电能消耗的降低，是电解沉积锌的主要操作之一。作业步骤主要包括把吊、剥锌、上槽、平刷板、吊车等。

B “四把关七不准”操作法

槽上“四把关”：

（1）导电关。导电头擦光亮、打紧，两极对正，保证导电性良好，消灭短路、断路。

（2）极板关。记准接触，及时平整阳极，分清边板，不合格的阴极板不准装槽。

（3）检查关。精心检查、调整，极距均匀、无错牙，槽上清洁无杂物，杂物不得入槽内。

（4）添加剂关。适时、适量加入添加剂（吐酒石、骨胶等）。

槽下“七不准”：

（1）导电片松动、发黑、螺丝松动的板不准上槽。

（2）弯角弯棒、板面不平整的板不准上槽。

（3）带锌的板不准上槽。

（4）透酸、有花纹、不光亮的板不准上槽。

（5）塑料条开裂、掉套的板不准上槽。

（6）板棒脱焊、裂缝的，导电棒、吊环或挂耳断裂，板面有孔眼的板不准上槽。

（7）未经过处理的新阴极板不准上槽。

C　相关岗位操作规程

（1）槽上岗位。根据剥离析出情况，需加入吐酒石时，按班长安排称取所需的吐酒石，用热水配制溶液，准备好擦导电头布及记录接触的纸条，冲好擦导电头热水，检查吊具是否牢靠，摆放好槽上阴极靠架。配合吊车工，套稳锌电解阴极板，将析出锌阴极挂吊出槽，吊至剥锌现场，每槽分两吊出槽，第一吊出槽后，装满阴极板，方可出第二吊。出装槽2h后方可加胶。

胶的加入量视电流密度、溶液含杂质情况及析出锌表面状况而定，一般控制量为每列不大于10kg。

（2）剥锌岗位。应准备好剥锌工具，检查落板架，摆好锌片靠架。剥锌时，首先要抓稳阴极板，再用扁铲振打析出锌靠液面线附近的锌片，一般不许振打铝板，以保持板面平整、板棒平直。剥离锌片后的铝板，不合格须处理的板，分别堆放。上槽回笼板应摆放整齐，导电头交错放置。

（3）平板岗位。首先将前一天下咬槽的阴极板取出，吊到洗槽烫洗干净后停靠在平板台旁。经平整的阴极板必须板、棒平直，塑料条完整无缺，导电片螺丝拧紧。不能继续使用的铝板应剔除，其中脱焊的板，集中送阴极制造工序焊补。难以凿去带锌的板吊往咬槽。报废的板应卸下导电头，集中送往废铝板堆放场。平板完毕后，清理工具，打扫现场卫生，丢弃的废板数要报告班长。卸下的导电片，分类清数交到工段，并做好相关的记录。

（4）刷板岗位。开车前检查设备是否正常，然后按要求进行刷板操作，保证刷板质量，如发生设备故障，应立即停车，仔细检查，本岗位处理不了的故障应及时通知维修人员处理。操作完毕停车后，进行现场和设备的清扫、维护，向班长报告本班刷板数量和损坏板数量，及时填写设备运行记录，做好班长分配的其他工作。

（5）把吊岗位。工作前仔细检查胶皮圈、钢丝绳、吊钩等吊具是否符合安全要求。导电片及阴极板、棒应冲洗干净，无黏附杂物，做到物见本色。挂板时胶皮圈要挂牢、挂稳，每吊数量应等于每槽装板数，并配好相应的边板，发现不合格板，应剔出送平。锌片堆满一吊或剥锌完毕，应及时挂吊运往叉车道。挂吊完毕、吊走锌片后，清洗全部周转板并清点数量、整齐摆放，清点周转板数量并报告班长，需要下咬槽的板吊往咬槽。清扫的碎锌不得混有杂物，用水清洗，堆放在指定的锌片堆上面（送锌合金），然后再吊运废阴、阳极板和阳极泥、垃圾等物。下班前关闭水阀、汽阀，收拾工具、用具等。

注意事项：槽上操作时，要注意用扁铲敲打导电片的，使导电片夹紧力度适中，接触面大；加添加剂时，要结合当班的生产情况，注意加入时机及加入量。

5.4.5 槽面操作

5.4.5.1 槽面操作的基本知识

出装槽完毕后，调整阴、阳极间距，要求极距均匀。纠正“错牙”现象，要求所有阴、阳极边缘对齐，保持在一条线上以及阴、阳两极保持在一个平面上，不倾斜。清理槽面杂物，清除槽间板上的结晶等杂物以及阳极板上的碎锌粒、阳极泥等，消灭短路现象。这些工作完毕后，应全面检查导电情况，检查方法有光照法、手摸法及扁铲法，常用的是后者，它是以扁铲跨接两个阴极导电头，如有火花产生，表示不导电或导电不良，其原因有以下3个方面：

（1）阴极导电片松动，阴极导电头太细，阴、阳极夹（搭）接不良。

（2）阴极不导电。

（3）阳极不导电。

针对这些具体情况，必须及时处理，确保导电良好。

5.4.5.2 岗位操作规程

出装槽操作，根据锌剥离析出情况，需加入吐酒石时，按班长安排，称取所需的吐酒石，用热水配制成溶液，准备好擦导电头布及记录接触的纸条，冲好擦导电头热水，检查吊具是否牢靠，摆放好槽上阴极靠架。配合吊车工，套稳锌电解阴极板，然后将析出锌阴极挂吊出槽，出槽时，注意观察，记准接触，导电头要擦亮，擦布要拧干，擦布水不得流入槽内。严格检查阴极板质量，剔除不合格板送槽下处理。装板时对正极距，导电片夹紧，分清边板，严禁误装，确保每块板导电良好。

槽上检查及清理装槽完毕后，按槽上“四把关”要求，逐槽逐片检查导电情况，调正错牙，调匀极距，清除接触，消除相邻槽阴极棒尾与阳极棒头的接触短路，并逐片检查校直极棒，消除塌腰阳极，防止断电。擦亮首槽导电母线板和长棒阳极棒的导电面，消除槽上杂物，凡影响电效和质量的物料严防掉入槽内，保持槽上清洁。

所有平阳极板“接触”的阳极板应进行平整，平阳极板必须垫上废铅板，不许阳极泥掉入槽内。铲除的阳极泥不得堆在走道上，应及时倒入阳极泥斗。铲净阳极泥后，用木槌平直板、棒。凡鼓泡、穿孔，孔径大于40mm而不能使用的阳极要集中堆放在运输道上。废塑料夹、废手套、阳极泥等各种物料应分类集中堆放，及时送往指定地点，下班前应清扫走道。

注意事项：胶量加入过多会引起析出锌发脆、难剥；加入吐酒石，注意观察槽内溶液颜色变化，以防止过量造成“烧板”，加入量少则效果差，所以应做到适时适量。

5.5 故障及处理

常见的故障有：阴极锌含铜质量的波动，阴极锌含铅质量的波动，个别槽烧板和普遍烧板。

5.5.1　阴极锌含铜质量波动及处理

5.5.1.1　阴极锌含铜质量的波动原因

阴极锌含铜质量波动的原因主要有：

（1）溶液中的铜含量增加。溶液中铜含量的增加主要是受外界污染的影响，电解工在操作过程中不细致，造成铜污染物进入电解槽。

（2）烧板使阴极锌反溶而杂质仍然留在阴极锌片上，阴极锌的单片质量大幅度减轻。

（3）电流密度太低使阴极锌的单片质量减小，从而使阴极锌中铜含量相对增加。

5.5.1.2　阴极锌含铜质量波动的处理

对质量异常的处理方法是加强槽面操作，防止或减少外界污染对阴极锌质量产生影响；适当调整添加剂的加入量；降低溶液中杂质的含量；适当提高电流密度。

5.5.2　阴极锌含铅质量波动及处理

5.5.2.1　阴极锌含铅质量的波动原因

溶液中含铅增加的原因：一是电解槽上操作不细致，在对阳极的处理过程中使铅进入溶液；二是溶液中的碳酸锶加入量太少。

5.5.2.2　阴极锌含铅质量波动的处理

对质量异常的处理方法是加强槽面操作，防止或减少外界污染对阴极锌质量产生影响；适当调整碳酸锶的加入量。

5.5.3　个别槽烧板及处理

5.5.3.1　个别槽烧板的原因

由于操作不细，造成铜污物进入电解槽内，或添加吐酒石过量，使个别槽内电解液铜、锑含量升高，造成烧板；另外，由于循环液进入量过小，槽温升高，使槽内电解液锌含量过低，酸含量过高产生阴极反溶；阴、阳极短路也会引起槽温升高，造成阴极反溶。

5.5.3.2　个别槽烧板的处理

加大该槽循环量，将杂质含量高的溶液尽快更换出来，并及时消除短路，这样还可降低槽温，提高槽内锌含量，特别严重时还需立即更换槽内的全部阴极板。

5.5.4　普遍烧板及处理

5.5.4.1　普遍烧板的原因

产生这种现象的原因多是由于电解液含杂质偏高，超过允许含量，或者是电解液锌含量偏低、含酸偏高。当电解液温度过高时，也会引起普遍烧板。

5.5.4.2　普遍烧板的处理

首先应取样分析电解液成分，根据分析结果，立即采取措施，加强溶液的净化操作，以提高净化液质量。在电解工序则应加大电解液的循环量，迅速提高电解液锌含量。严重时还需检查原料，强化浸出操作，如强化水解除杂质，适当增加浸出除铁量等。与此同时，应适当调整电解条件，如加大循环量、降低槽温和溶液酸度也可起到一定的缓解作用。

5.5.5 电解槽突然停电及处理

突然停电一般多属事故停电。若短时间内能够恢复，且设备（泵）还可以运转时，应向槽内加大新液量，以降低酸度，减少阴极锌的溶解。若短时间内不能恢复，应组织力量尽快将电解槽内的阴极全部取出，使其处于停产状态。必须指出：停电后，电解厂房内应严禁明火，防止氢气爆炸与着火。另一种情况是低压停电（即运转设备停电），此时应首先降低电解槽电流，循环液可用备用电源进行循环。若长时间不能恢复生产时，还需从槽内抽出部分阴极板，以防因其他工序无电，供不上新液而停产。

5.5.6 电解液停止循环及处理

电解液停止循环，即对电解槽停止供液，这必然会造成电解温度、酸度升高，杂质危害加剧，恶化现场条件，电流效率降低并影响析出锌质量。停止循环的原因：

（1）由于供液系统设备出故障或临时检修泵和供、排液溜槽。

（2）低压停电。

（3）新液供不应求或废电解液排不出去。

这些多属预防内的情形，事先就应加大循环量，提高电解液锌含量，减小开动电流，适当降低电流密度，以适应停止循环的需要，但持续时间不可过长。

5.6 锌电解沉积技术条件

锌电解沉积的技术条件对操作正常进行、经济指标的改善和保证电锌的质量都有决定性的意义。

锌电解沉积技术条件的选择，取决于各工厂的阳极成分和其他具体条件。对于杂质含量低、贵金属含量较高的锌阳极，则可以采用较高的电流密度、较高的电解液温度，而电解液的循环速度宜小。对于杂质含量高、贵金属含量低的锌阳极，则电解液的杂质含量必须严加控制，电流密度不宜过高，而电解液的温度宜高，循环速度应较大，且应增大净液量。

此外，如产量任务与设备能力基本相适应，可以采用最经济的电流密度进行生产，如产量任务大，而设备能力又较小，就必须采用高电流密度，同时其他技术条件也应做相应改变和调整。

5.6.1 电解液成分

通常的电解液成分为 Zn 50 ~ 60g/L，含 H_2SO_4为 100 ~ 110g/L。

5.6.2 电流效率

目前，实际生产中的电流效率 η 约为 88% ~ 93%。

η = 理论析出锌量/实际析出锌量 ×100%

实际生产中，H^+ 和杂质元素的放电析出以及锌的二次化学反应，如下式：

$$Zn + \frac{1}{2}O_2 \xlongequal{} ZnO$$

$$ZnO + H_2SO_4 = ZnSO_4 + H_2O$$

由于以上反应和短路、漏电等原因，析出的锌量总是小于理论计算析出的锌量。

影响电流效率的因素主要有：

（1）电解液中的杂质含量。铜、钴、镍的影响。电解液中铜含量高时，析出的锌呈黑色疏松状，严重时出现孔洞，降低电流效率。铜的来源是净液跑滤铜导头和其他铜物料溶解所致。钴的影响与铜相似，工业上称为烧板，产生小黑点和孔眼，胶的加入可减轻其危害。镍的行为与铜、钴相似。一般电解液中，铜、钴、镍的质量浓度小于0.5g/L、3～5g/L和1mg/L。

As、Sb、Ge、Se、Te的影响。这些杂质对电沉积危害更大。电解液中，As、Sb、Ge的质量浓度要低于0.1mg/L，Se和Te要低于0.02～0.03g/L，它们的来源主要是锌精矿和氧化锌烟尘。这些杂质的危害主要是：析出锌呈球苞状、条纹状和疏松状态，产生有毒的AsH_3和SbH_3，显著降低电流效率。

Fe、Cr、Pb的影响。它们对电流效率影响不大。Fe会在阳极氧化为Fe^{3+}，阴极上还原为Fe^{2+}，允许铁的质量浓度为2～5mg/L。Cr和Pb比Zn的电位正，因而会在阴极析出，影响电锌质量，但对电流效率影响不大。

（2）电解液温度。电解液的温度高，则氢的超电位下降，因而也降低了电流效率，所以要求在较低的温度，即30～40℃下进行电解。电解过程是放热过程，因此工业上需对电解液进行冷却。

（3）析出锌的状态和析出周期。析出锌表面粗糙，意味着表面积增加，电流密度下降，也就是降低了氢的超电位，使电流效率下降。析出周期过长，阴极表面粗糙不平整直至长疙瘩，甚至使阴、阳极相互接触，造成短路，电流效率也会下降。工业上，析出周期一般为24h。

5.6.3 槽电压

槽电压＝硫酸锌的分解电压＋电解液电压＋导电杆、导电板、接触点等的电压

生产中要力求降低这些无用的电压降。

槽电压$V = IR$，而$R = \rho L/S$

故

$$V = D_K \rho L / 10000$$

式中 ρ——电解液比电阻，Ω·cm；

D_K——阴极电流密度，A/m^2；

L——电阻长度（极距），cm；

S——导电面积（阴极导电面积），cm^2。

提高温度和酸度可使ρ降低，但同时电流效率也会下降，所以在生产中应综合考虑。

5.6.4 添加剂的作用与析出锌的质量

5.6.4.1 析出锌的质量

析出锌的质量包括析出锌的化学质量和物理质量。

A 化学质量

化学质量是指锌中杂质含量的多少和锌的等级。电锌中，Fe、Cu、Cd都易达到要求，唯有铅不易达到，所以铅含量是电锌化学质量的关键。电解液中的铅来自铅阳极的溶解，促使阳极溶解的因素是电解液中氯含量和电解液的温度。

从实践上看，MnO_2与PbO_2共同形成的阳极膜较坚固，锰还能使悬浮的PbO_2粒子沉降而不在阴极析出，生产中为了降低电锌含铅，采取定期刷阳极和定期掏槽的措施。

为了降低铅含量还可添加碳酸锶。碳酸锶（$SrCO_3$）在电解液中形成硫酸锶，它与硫酸铅的结晶晶格几乎一致，因而形成极不易溶解的混晶沉于槽底。当用量为0.4g/L时，电锌中铅含量可降至0.0038%～0.0045%，其缺点是比较昂贵。

B 物理质量

析出锌如物理质量不好，主要表现为析出锌疏松、色暗有孔，呈海绵态状。这种锌表面积大，容易返溶和造成短路，使电流效率显著下降，电能消耗显著增高。

产生的主要原因是电解液中杂质多，氢析出多。

影响析出锌物理质量的过程如下：杂质在阴极析出→导致氢超电位下降→更多的氢析出，析出锌不紧密→导致阴极层H^+浓度下降，严重时产生锌的水解，形成$Zn(OH)_2$包在析出锌上，成为色暗疏松的海绵态锌。

5.6.4.2 添加剂的作用

添加剂作用的原理是：

$$K(SbO)C_4H_4O_6 + H_2SO_4 + 2H_2O = Sb(OH)_3 + H_2C_4H_4O_6 + KHSO_4$$

反应生成的$Sb(OH)_3$为一种冷胶性质的胶体，它在酸性硫酸锌溶液中带正电，于是移向阴极，并粘在铝板表面形成薄膜，为锌的易剥创造了条件。

5.6.5 槽电压与电能耗

为了得到令人满意的较低的电能消耗，除了要有较高的电效外，还要有较低的槽电压。

5.6.5.1 槽电压

槽电压是指电解槽内相邻阴、阳极之间的电压值。

$$槽电压\ V = E_+ - E_- + IR_{液} + IR_{极} + IR_{泥} + IR_{接}$$

影响槽电压的因素主要有：

（1）温度。温度升高，槽电压下降，且电流效率下降。

（2）酸度。$[H^+]$增加，槽电压下降，且电流效率下降。

（3）电流密度D_K。电流密度D_K升高，槽电压增加，电流效率增加。

（4）极间距。极间距增加，槽电压增加。

一般情况下，锌电积的槽电压为3.3～3.5V。

5.6.5.2 电能消耗

电能消耗是指每生产1t锌所消耗的直流电能（kW·h）。

$$W = \frac{V}{q \times \eta} \times 100\%$$

可见，电能消耗与电流效率成反比，与槽电压成正比，因此，降低槽电压，提高电流效率是降低电能消耗的两大途径。

复习思考题

5－1　锌电解的目的和原理是什么?

5－2　锌电解使用的设备主要有哪些?

5－3　绘出锌电解工艺流程图。

5－4　锌电解的正常操作有哪些具体内容?

5－5　电解生产过程中的故障如何判断及处理?

5－6　锌电解沉积的主要技术条件是什么?

6 火法炼锌

火法炼锌是将含 ZnO 的死焙烧矿用碳质还原剂还原得到金属锌的过程。由于 ZnO 较难还原，故火法炼锌必须在强还原和高于锌沸点的温度下进行，还原出来的锌蒸气经冷凝后得到液体锌。

还原蒸馏法主要包括竖罐炼锌、平罐炼锌和电炉炼锌。竖罐和平罐炼锌是间接加热，电炉炼锌为直接加热。它们的共同特点是产生的炉气中锌蒸气浓度大，而且含 CO_2 量少，容易冷凝得到液体锌。

20 世纪 50 年代开发，60 年代投入工业生产的密闭鼓风炉炼锌（简称 ISP）法是一种适合于冶炼铅锌混合矿的炼锌方法，它的特点是采用铅雨冷凝法从含 CO_2 含量高而锌含量低的炉气中冷凝锌，产出铅和锌两种产品。

6.1 火法炼锌原理

6.1.1 ZnO 还原过程

ZnO 被碳还原的过程如下：

$$ZnO(s) + CO(g) = Zn(g) + CO_2(g) \quad \Delta G^\ominus = 178020 - 111.67T(J)$$

$$C(s) + CO_2(g) = 2CO(g) \quad \Delta G^\ominus = 170460 - 174.43T(J)$$

$$ZnO(s) + C(s) = Zn(g) + CO(g)$$

从上述反应中可知，ZnO 还原成金属锌，需要大量的热量，补充热量的方法有两种，一种是蒸馏法炼锌采用的间接加热法，另一种是鼓风炉法采用的直接加热法。由于原料中铁的化合物对火法炼锌，特别是鼓风炉法炼锌的影响较大，所以有必要研究其在炼锌过程中的行为。

氧化锌还原过程的气相 - 温度曲线如图 6 - 1 所示。

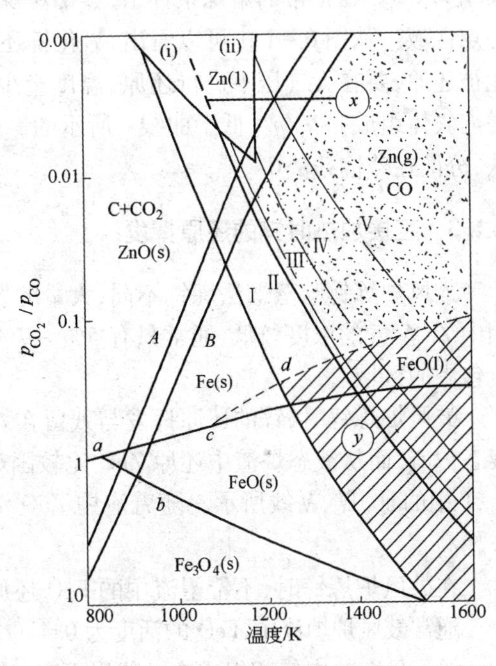

图 6 - 1　ZnO 碳还原平衡图

图 6 - 1 中各曲线分别是下列反应在不同条件下平衡的 $p_{CO_2}/p_{CO} - T$ 的关系曲线。反应：

（1）$ZnO(s) + CO(g) = Zn(g) + CO_2$

在图 6 - 1 中，Ⅰ、Ⅱ、Ⅲ、Ⅳ、Ⅴ这 5 条曲线为反应（1）在以下 5 种设定条件下的曲线，见下表。

曲　线	Ⅰ	Ⅱ	Ⅲ	Ⅳ	Ⅴ
a_{ZnO}	1.0	1.0	0.1	0.05	0.01
p_{Zn}/atm	0.06	0.45	0.06	0.06	0.06

注：1atm = 101.325kPa。

(2) $C(s) + CO_2(g) = 2CO(g)$

图 6-1 中绘出 A、B 两条线，其设定的条件为：

A 线：$p_{CO} + p_{CO_2} = 20265Pa$

B 线：$p_{CO} + p_{CO_2} = 60795Pa$

(3)铁氧化物的还原

曲线 a：$Fe_3O_4(s) + 4CO(g) = 3Fe(\gamma) + 4CO_2(g)$

曲线 b：$Fe_3O_4(s) + CO(g) = 3FeO(s) + CO_2(g)$

曲线 c：$FeO(s) + CO(g) = Fe(\gamma) + CO_2(g)$

曲线 d：$FeO(l) + CO(g) = Fe(\gamma) + CO_2(g)$

(4)Zn(l)的稳定范围

曲线(i)：$ZnO(s) + CO(g) = Zn(l) + CO_2(g)$

曲线(ii)：$Zn(l) = Zn(g)$

6.1.2　间接加热时锌的还原挥发

间接加热方式是将燃料燃烧产生的气体与 ZnO 还原产生的含锌气体，用罐体分开而进行的火法炼锌过程，所以罐体内 ZnO 的还原产生的炉气中含锌 45% 左右，含 CO_2 只有 1%，其余为 CO。在正常的熔炼条件下，蒸馏法炼锌区域为图 6-1 中的曲线Ⅱ和曲线 B 右侧的打点区域。从图 6-1 中可以看出，氧化锌还原反应为吸热反应，即使 p_{CO_2} 大于 p_{CO}，ZnO 仍能被还原，要在大气压下进行还原，温度至少需要 1170K（曲线Ⅱ和曲线 B 的交点）。由于罐内气体组成 p_{CO_2}/p_{CO} 低于曲线 c 所示的 FeO 还原反应的平衡组成，故 FeO 被还原成金属铁，分散在蒸馏残渣中。

6.1.3　直接加热时锌的还原挥发

鼓风炉炼锌与蒸馏法炼锌不同，大量的燃烧气体和还原产出的锌蒸气混在一起，从而气相中 Zn 蒸气的浓度较低，通常只有 5% ~ 7%，平衡炉气成分为图 6-1 中曲线Ⅰ与曲线 A 所包围的区域。

鼓风炉炼锌时，锌的还原挥发与残留在炉渣中的 ZnO 活度有关。鼓风炉炼锌产出的是液态炉渣，而从液态炉渣中还原 ZnO 比较困难，要求有较强的还原气氛和较高的温度，如图 6-1 中的Ⅲ、Ⅳ、Ⅴ线所示。随着渣中 ZnO 活度的降低，要求 p_{CO_2}/p_{CO} 越来越小，而温度越来越高。

在鼓风炉炼锌时，不希望渣中的 FeO 还原成 Fe，因为 Fe 的存在会给操作带来困难。

通常鼓风炉炉渣中，FeO 的活度为 0.4 左右，此时 FeO 还原的平衡反应曲线为图 6-1 中的 d 线。只有炉内气相组成在 d 线以下时，渣中 FeO 才不被还原，因此炉内气氛应控制在Ⅰ

线和 d 线所包围的区域内。由于采取低还原性气氛,所以渣含锌较高,这是鼓风炉炼锌不可避免的缺点。

6.1.4 锌蒸气的冷凝

$ZnO + CO = Zn(g) + CO_2$ 为吸热反应,所以当炉气中温度下降时,CO_2 将使产出的锌蒸气再氧化成 ZnO,并包裹在锌液滴的表面,形成蓝粉,降低冷凝效率。为了防止氧化反应的发生,应尽可能在高温下直接将锌蒸气导入冷凝器内,使之急冷,即如图 6-1 中所示的左上部分。

鼓风炉炼锌得到的炉气组成与蒸馏法大不相同,产出的是 CO 和 Zn 蒸气浓度低、CO_2 浓度高的炉气,用蒸馏法采用的锌雨冷凝法冷却,得不到液态锌,因此,生产中采用高温密闭炉顶和铅雨冷凝的方法。铅雨冷凝时,利用锌在液体铅中有一定的溶解度,降低冷凝下来的锌的活度,从而保护锌不被炉气中的 CO_2 氧化,其冷凝效率用下式计算:

$$R(\%) = 100 \times \left(1 - \frac{p_{Zn}^{\ominus}}{p_T - p_{Zn}^{\ominus}} \cdot n_g\right)$$

式中 n_g——与 1mol 的锌同时进入冷凝器的其他气体的总摩尔数;

p_T——冷凝器出口总压;

$p_{Zn}^{\ominus}$——在冷凝器温度下纯液体锌的蒸气压。

6.2 火法炼锌的生产实践

6.2.1 平罐炼锌

平罐炼锌是 20 世纪初采用的主要炼锌方法。其装置如图 6-2 所示。

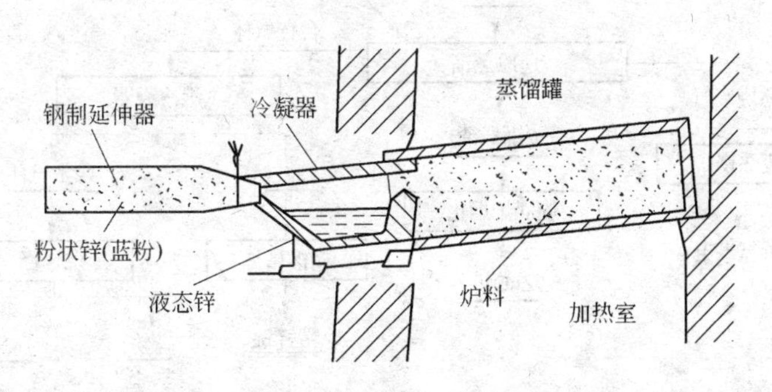

图 6-2 平罐炼锌装置

平罐炼锌时,一座蒸馏炉约有 300 个罐,生产周期为 24h,每罐一周期生产 20~30kg 锌,残渣中的含锌量约为 5%~10%,锌的回收率只有 80%~90%。

平罐炼锌的生产过程简单,基建投资少,但由于罐体容积少,生产能力低,难以实现连续化和机械化生产,而且燃料及耐火材料消耗大,锌的回收率低,所以目前已基本被淘汰。

6.2.2 竖罐炼锌

竖罐炼锌法于20世纪30年代应用于工业生产，经历了70多年，现在已基本被淘汰，但目前在我国的锌生产仍占有一定的地位。它的生产过程包括焙烧、制团、焦结、蒸馏和冷凝5个部分，其工艺流程如图6-3所示。

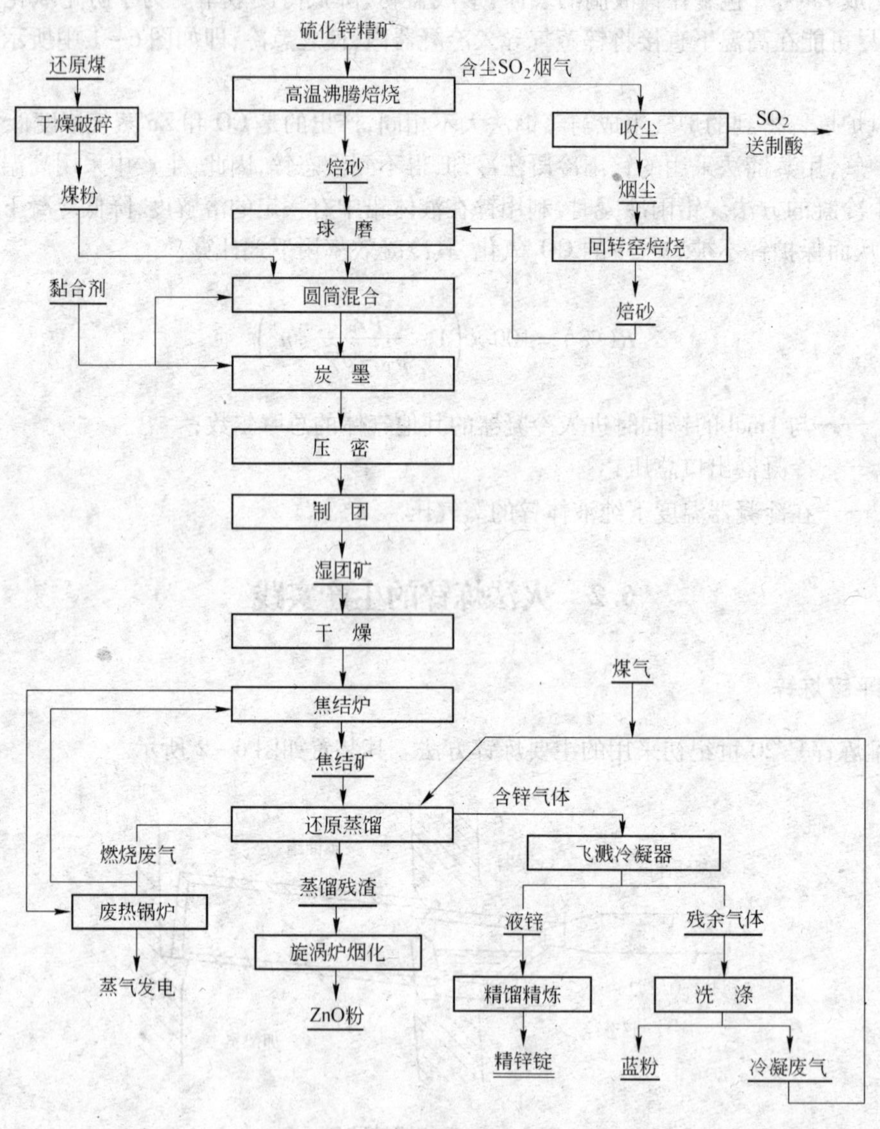

图6-3 竖罐炼锌工艺流程

竖罐炼锌的原料从罐顶加入，残渣从罐底排出，还原产出的炉气与炉料逆向运动，从上沿部进入冷凝器。离开炉子上沿部炉气的组分为Zn 40%、CO 45%、H_2 8%、N_2 7%，几乎不含CO_2。在冷凝器内，锌蒸气被锌雨急剧冷却成为液态锌，冷凝器冷凝效率为95%左右。

竖罐炼锌具有连续性作业，生产率、金属回收率、机械化程度都很高的优点，但存在制团过程复杂、消耗昂贵的碳化硅耐火材料等不足。竖罐蒸馏炉如图6-4所示。

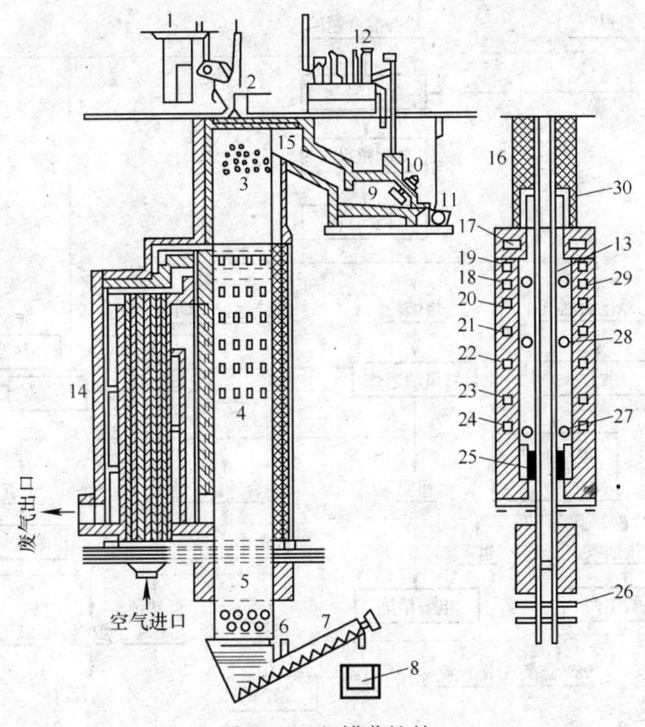

图6－4 竖罐蒸馏炉

1—加料电车；2—加料斗；3—上延长部；4—罐体；5—下延长部；6—排矿辊；7—排矿螺旋；
8—水沟；9—冷凝器；10—转子；11—电葫芦运输斗；12—第二冷凝器；13—燃烧室；
14—换热室；15—罐气出口；16—上延部保温砖套；17—煤气支管；18—空气总管；
19～24—按顺序为第1～6号空气支管；25—炉气进换热室口；26—人孔；
27—下部测温孔；28—中部测温孔；29—上部测温孔；30—小燃烧室

6.2.3 电炉炼锌

电炉炼锌的特点是直接加热炉料，得到锌蒸气和熔体产物，如冰铜、熔铅和熔渣等，因此此法可处理多金属锌精矿。该法锌的回收率约为90%，电耗为3000～3600kW·h/t 锌。

6.2.4 鼓风炉炼锌

密闭鼓风炉炼锌法又称为帝国熔炼法或ISP法，它合并了铅和锌两种火法冶炼流程，是处理复杂铅锌物料的较理想方法。ISP法炼锌的工艺流程如图6－5所示，图6－6所示为炼锌鼓风炉示意图。

在间接加热的蒸馏罐内，炉料中配有过量的炭，出罐气体中CO_2浓度小于1%，可以防止锌蒸气冷凝时被重新氧化。

直接加热的鼓风炉炼锌，由于焦炭燃烧反应产生的CO、CO_2、鼓入风中的N_2和还原反应产生的Zn蒸气混在一起，故炉气被大量的CO、CO_2和N_2气稀释，炉气为低锌高CO_2的高温炉气，含锌5%～7%，含$CO_2$11%～14%，含CO18%～20%，入冷凝器的炉气温度高于1000℃，故使含CO_2高的炉气中冷凝低浓度的锌蒸气存在许多困难。

在鼓风炉炼锌炉气的冷凝过程中，为了防止锌蒸气被氧化为ZnO，在生产实践中，采用高温密封炉顶和铅雨冷凝器。高温密封炉顶的另一个作用是防止高浓度的CO逸出炉外。

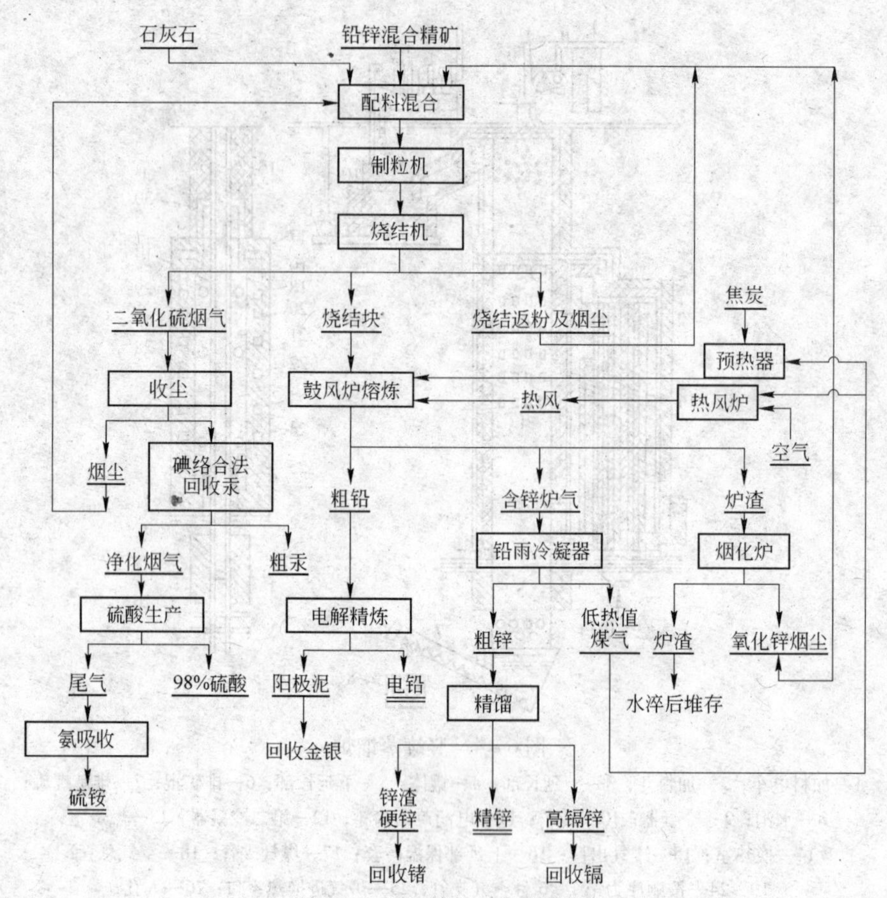

图 6－5　ISP 炼锌工艺流程图

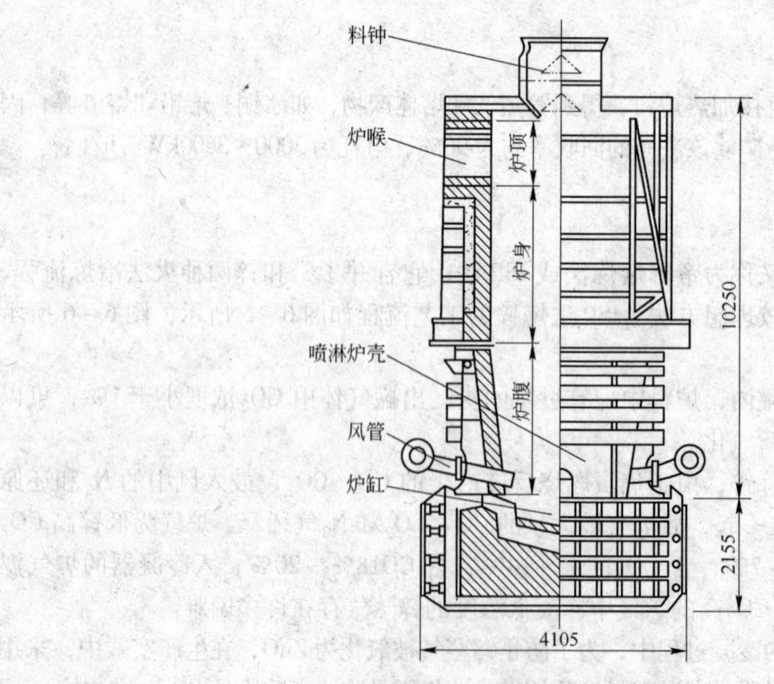

图 6－6　炼锌鼓风炉示意图

鼓风炉炼锌的主要优点是：

（1）对原料的适应性强。可以处理铅锌的原生和次生原料，尤其适合处理难选的铅锌混合矿，简化了选冶工艺流程，提高了选冶综合回收率。

（2）生产能力大，燃料利用率高，有利于实现机械化和自动化，提高劳动生产率。

（3）基建投资费用少。

（4）可综合利用原矿中的有价金属，金、银、铜等富集于粗铅中予以回收，镉、锗、汞等可从其他产品或中间产品中回收。

鼓风炉炼锌也存在一些缺点，主要体现在：

（1）需要消耗较多质量好、价格高的冶金焦炭。

（2）技术条件要求较高，特别是烧结块的含硫量要低于1%，使精矿的烧结过程控制复杂。

（3）炉内和冷凝器内部不可避免地产生炉结，需要定期清理，劳动强度大。

图6－7所示为ISP炼锌法的设备流程图，其主要设备有：为密闭鼓风炉炉体、铅雨冷凝器、冷凝分离系统以及铅渣分离的电热前床等。

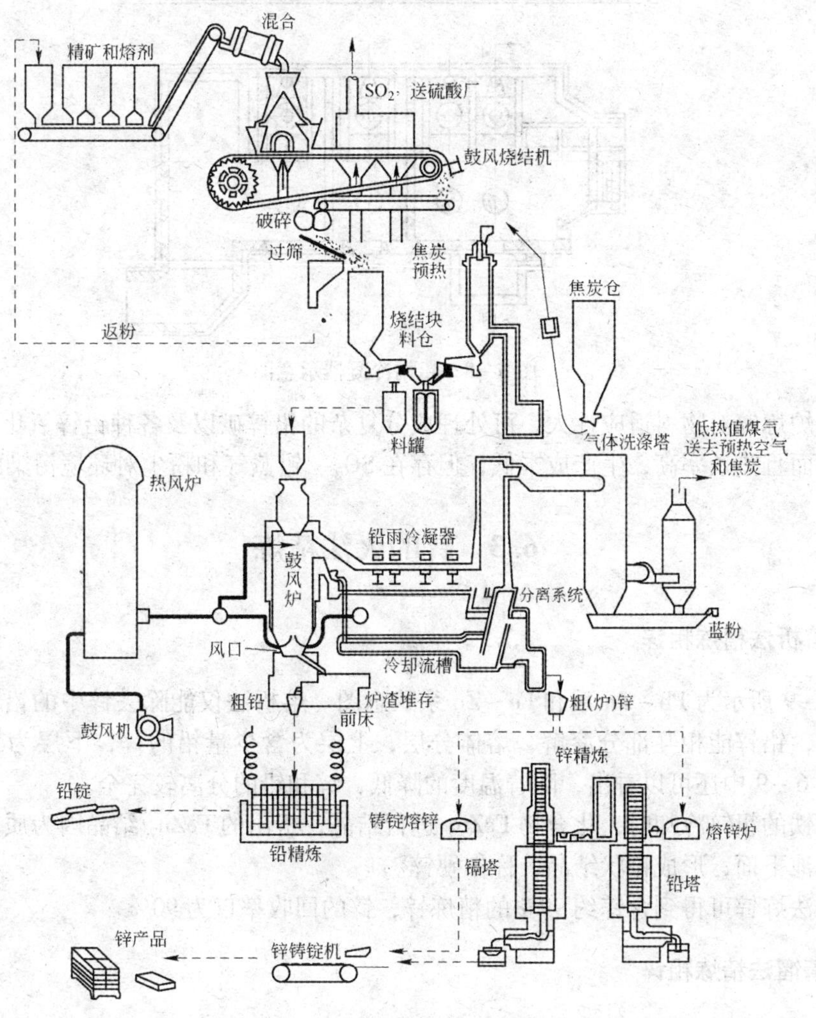

图6－7　ISP炼锌设备流程图

密闭鼓风炉是鼓风炉系统的主要设备，由炉基、炉缸、炉腹、炉身、炉顶、水冷风口等部分组成。

由于密闭鼓风炉炉顶需要保持高温高压，密封式炉顶是悬挂式的，在炉顶上装有双钟加料器。

冷凝分离系统可分为冷凝系统和铅、锌分离系统两部分，铅雨冷凝器是鼓风炉炼锌的特殊设备，铅锌的分离一般采用冷却熔析法将锌分离出来。

铅雨冷凝法的特点是铅的蒸气压低、熔点低，铅对锌的溶解度随温度变化大，铅的热容量大。铅雨冷凝器如图 6－8 所示。

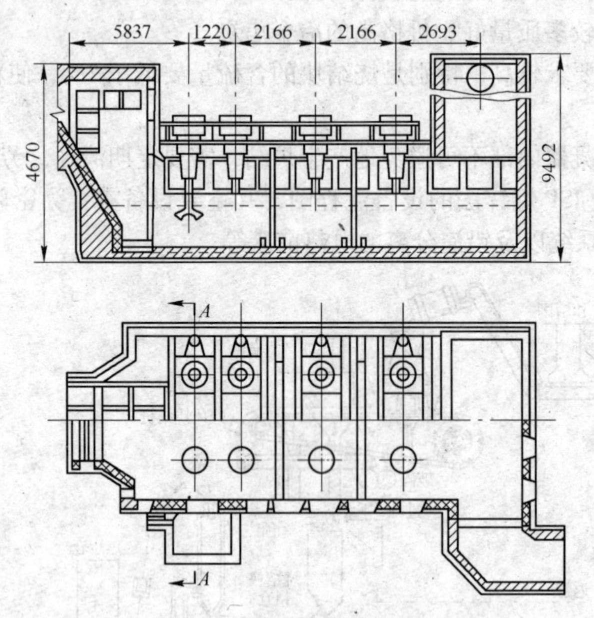

图 6－8 铅雨冷凝器示意图

鼓风炉炼锌对物料适应性大，可处理成分复杂的铅锌矿以及各种铅锌氧化物残渣和中间物料，而且热效率高，生产成本低，但存在 SO_2、铅蒸气和粉尘对环境污染的问题。

6.3 锌的火法精炼

6.3.1 熔析法精炼粗锌

图 6－9 所示为 Pb－Zn 系和 Fe－Zn 系状态图。熔析法仅能除去锌中的铅和铁，在熔融状态下，铅锌能相互部分溶解，熔体分层，上层为含少量铅的锌，下层为含少量锌的铅。从图 6－9 中还可以看出，随着温度的降低，锌和铅的分离较完全。

当含铁的粗锌冷却时，化合物 $FeZn_7$ 进行结晶，析出的 $FeZn_7$ 结晶因为质量较重，故沉于锌熔池下面，形成糊状结晶，称作硬锌。

熔析法炼锌可得到含锌约 99% 的精炼锌，锌的回收率仅为 90%。

6.3.2 精馏法精炼粗锌

为了较完全地除去锌中的杂质，获得很纯的锌，最好采用精馏法精炼锌。精馏设备是

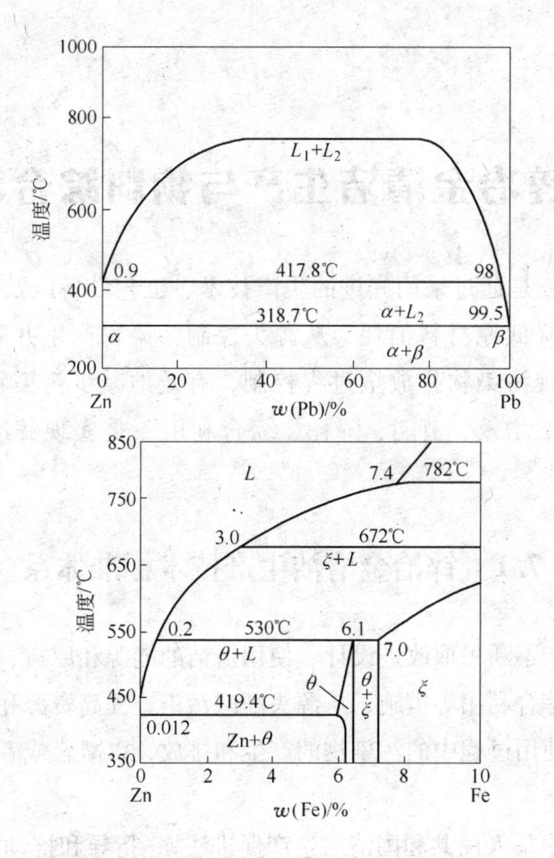

图 6-9　Pb-Zn 系和 Fe-Zn 系状态图

连续作业的精馏塔，包括铅塔和镉塔。铅塔用来分离沸点较高的 Pb、Cu、Fe 等杂质，镉塔是利用金属沸点和蒸气压的差异，用来分离锌和镉，两种精馏过程类似，只是铅塔的温度比镉塔高。

此法除了能得到很纯的锌之外，还可得到很多副产物，如镉灰、含铟的铅、含锡的铅等，从这些副产物中可制得镉、铟和焊锡等，从而可以大大降低精馏法的成本。图 6-10 所示为锌镉合金沸腾时平衡与分馏过程图。

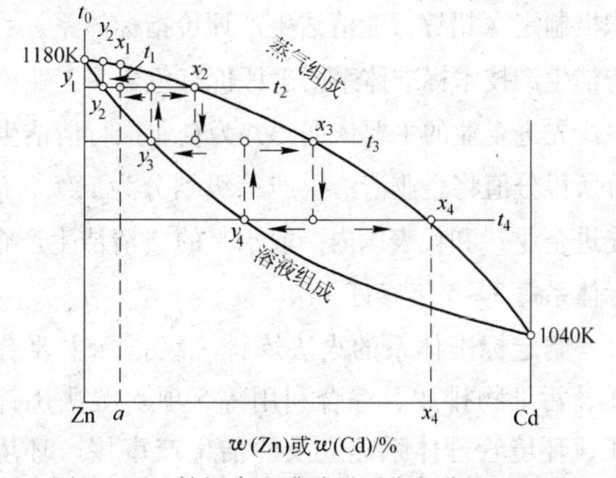

图 6-10　锌镉合金沸腾时平衡与分馏过程图

复习思考题

6-1　简述火法炼锌的基本原理。

6-2　火法炼锌主要有哪些方法？

6-3　密闭鼓风炉炼锌有哪些优缺点？

6-4　密闭鼓风炉炼锌法从低锌蒸气中冷凝锌获得成功的主要措施有哪些？

6-5　根据 Zn-Cd 二元系沸点组成图，说明粗锌火法精馏精炼的基本原理和过程。

7　锌冶金清洁生产与物料综合利用

清洁生产的目的就是通过采用先进的生产技术、工艺设备以及清洁原料，在生产过程中实现节省能源，降低原材料消耗，从源头控制污染物产生并降低末端污染，控制投资和运行费用，实现污染物排放全过程控制，有效地减少污染物排放量。在锌电解生产中，实现“减污、增效、节能、降耗、综合利用”是实现锌冶金清洁生产的重要措施。

7.1　锌冶金清洁生产技术标准体系

清洁生产含义是指不断采取改进设计、使用清洁的能源和原料、采用先进的工艺技术与设备、改善管理、综合利用等措施，从源头削减污染，提高资源利用效率，减少或者避免生产、服务和产品使用过程中的污染物的产生和排放，以减轻或者消除对人类健康和环境的危害。

为了贯彻落实《中华人民共和国清洁生产促进法》，指导和推动铅锌企业依法实施清洁生产，提高资源利用率，减少和避免污染物的产生，保护和改善环境，相关政府机构正积极制定《铅锌行业清洁生产评价指标体系》（试行）（以下简称“指标体系”）。锌冶金清洁生产技术标准体系用于评价有色金属工业铅、锌行业的清洁生产水平，作为创建清洁生产先进企业的主要依据，并为企业推行清洁生产提供技术指导。本指标体系依据综合评价所得分值将企业清洁生产等级划分为三级，即代表国际、国内先进水平的“清洁生产先进企业”和代表国内一般水平的“清洁生产企业”。随着技术的不断进步和发展，本指标体系每3~5年修订一次。

制定标准体系的火法炼锌一级指标主要有资源能源利用、生产技术特征、产品特征、污染物排放、综合利用等5项。湿法炼锌一级指标主要有生产技术特征、产品特征、环境管理体系建立及清洁生产审核、环境管理与劳动安全卫生等4项。通过指标体系分为定量评价和定性要求，将锌冶炼企业清洁生产过程水平划分为三级技术指标。

一级：国际清洁生产先进水平；

二级：国内清洁生产先进水平；

三级：国内清洁生产基本水平。

图7-1、图7-2，表7-1、表7-2是由北京矿冶研究总院起草的标准体系框架及评价指标项目、权重及基准值。

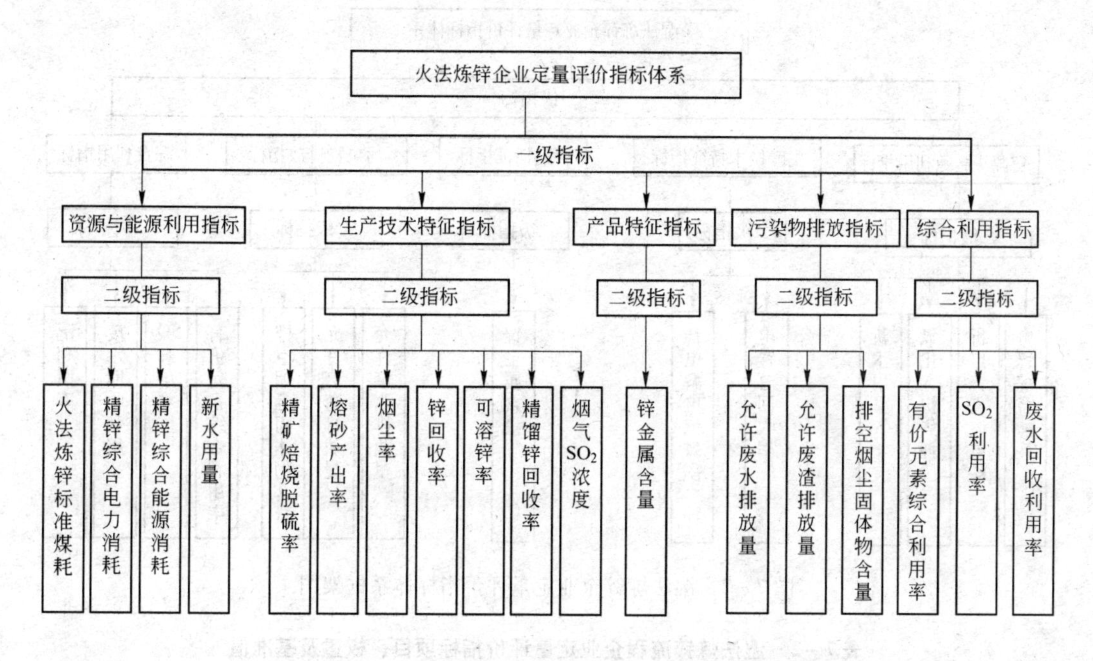

图 7-1 火法炼锌企业定量评价指标体系框架图

表 7-1 火法炼锌流程企业定量评价指标项目、权重及基准值

一级评价指标	权重值	二级评价指标	单 位	权重值	评价基准值 1
(1) 资源与能源利用指标	30	火法炼锌标准煤耗	kgce/t 锌	8	1800
		精锌综合电力消耗	kW·h/t 锌	6	2900
		精锌综合能源消耗	kgce/t 锌	6	2200
		新水用量	m^3/t 锌	10	8
(2) 生产技术特征指标	30	精矿焙烧脱硫率	%	4	95
		可溶锌率	%	6	93
		焙砂产出率	%	5	60
		烟尘率	%	4	25
		锌回收率	%	5	99
		精馏锌回收率	%	3	94
		烟气 SO_2 浓度	%	3	9
(3) 产品特征指标	5	锌金属含量	%	5	99.995
(4) 污染物排放指标	20	允许废水排放量	m^3/t 锌	10	3
		排空烟尘固体物含量	mg/m^3	6	150
		允许废渣排放量	t/t 锌	4	0.7
(5) 综合利用特性指标	15	有价元素综合利用率	%	5	70
		SO_2 利用率	%	5	98
		废水回收利用率	%	5	90

注：评价基准值的单位与其相应指标的单位相同。

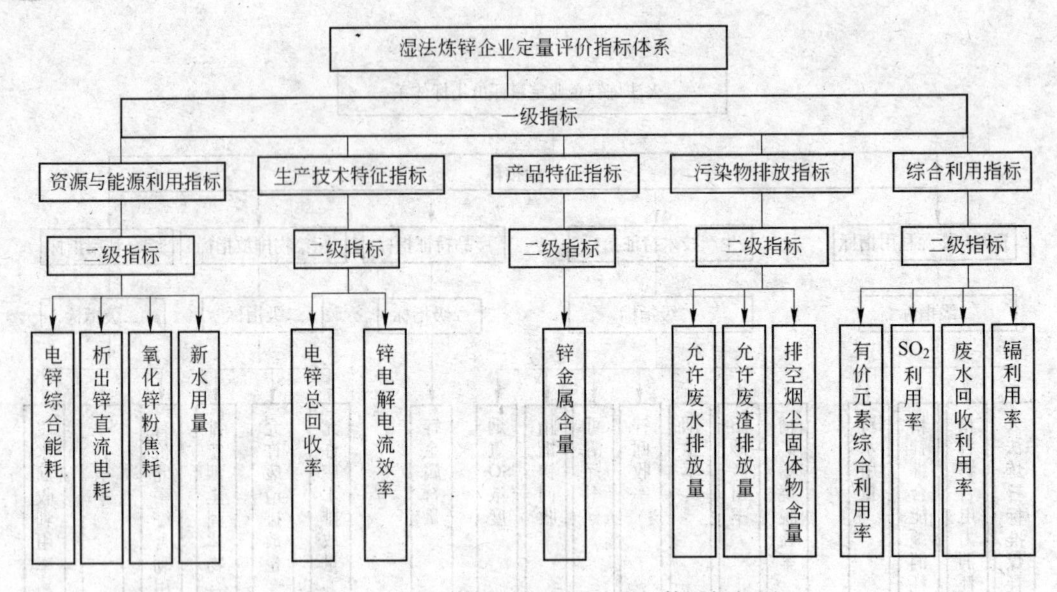

图 7－2　湿法炼锌企业定量评价指标体系框架图

表 7－2　湿法炼锌流程企业定量评价指标项目、权重及基准值

一级评价指标	权重值	二级评价指标	单　位	权重值	评价基准值 1
（1）资源与能源利用指标	35	新水用量	m^3/t 锌	12	4
		电锌综合能耗	kgce/t 锌	10	2200
		析出锌直流电耗	kW · h/t 锌	8	2900
		氧化锌粉焦耗	kg/t 氧化锌	5	2000
（2）生产技术特征指标	20	电锌总回收率	%	10	92
		锌电解电流效率	%	10	90
（3）产品特征指标	5	锌金属含量	%	5	99.995
（4）污染物排放指标	20	允许废水排放量	m^3/t 锌	10	1.5
		排空烟尘固体物含量	mg/m^3	5	150
		允许废渣排放量	t/t 锌	5	0.7
（5）综合利用指标	20	有价元素综合利用率	%	4	70
		SO_2 利用率	%	6	98
		镉利用率	%	4	85
		废水回收利用率	%	6	90

注：评价基准值的单位与其相应指标的单位相同。

7.2　锌冶金新方法新技术

7.2.1　火法炼锌新技术

7.2.1.1　等离子炼锌技术

等离子发生器将热量从风口输送到装满焦炭的炉子反应带，在焦炭柱的内部形成一个高温空间，粉状 ZnO 焙烧矿与粉煤和造渣成分一起被等离子喷枪喷到高温带，反应带的温度为 1700～2500℃，ZnO 瞬时被还原，生成的锌蒸气随炉气进入冷凝器被冷凝为液体锌。由于炉气中不存在 CO_2 和水蒸气，所以没有锌的二次氧化问题。

7.2.1.2 锌焙烧矿闪速还原技术

锌焙烧矿的闪速还原包括硫化锌精矿在沸腾炉内死焙烧、在闪速炉内用碳对 ZnO 焙砂进行还原熔炼和锌蒸气在冷凝器内冷凝为液体锌 3 个基本工艺过程。

7.2.1.3 喷吹炼锌技术

喷吹炼锌是在熔炼炉内装入底渣，用石墨电极加热到 1200～1300℃使底渣熔化，用 N_2 将 -0.074mm 左右的焦粉与氧气通过喷枪喷入熔渣中与通过螺旋给料机送入的锌焙砂进行还原反应，产出的锌蒸气进入铅雨冷凝器被冷凝为液体锌。

7.2.2 湿法炼锌新方法

湿法炼锌的新方法主要有硫化锌精矿的直接电解、Zn - MnO_2 同时电解、溶剂萃取 - 电解法以及热酸浸出 - 萃取除铁法等。

7.2.2.1 硫化锌精矿直接电解法

在酸性溶液中，用 70% 硫化锌精矿与 30% 石墨粉为阳极，铝板为阴极，直接电解生产锌。

阴极反应为： $Zn^{2+} + 2e = Zn$

阳极反应为： $ZnS - 2e = Zn^{2+} + S$

阳极电流效率为 96.8% 左右，阴极电流效率为 91.4%～94.8%，阴极锌纯度达 99.99% 以上。

7.2.2.2 Zn - MnO_2 同时电解法

将锌精矿磨细至 200 目，ZnS/MnO_2 按化学式计量配入并用硫酸进行浸出，浸出液经净化后用铅 - 银（1% 银）合金为阳极、铝板为阴极，在硫酸体系中进行电解。

阴极反应为： $Zn^{2+} + 2e = Zn$

阳极反应为： $Mn^{2+} + 2H_2O - 2e = MnO_2 + 4H^+$

总反应为： $ZnSO_4 + MnSO_4 + 2H_2O = Zn + MnO_2 + 2H_2SO_4$

槽电压为 2.6～2.8V，阴极电流效率为 89%～91%，阳极电流效率为 80%～85%。阴极电锌含 Zn≥99.99%，阳极产出 γ - MnO_2，品位大于 91%，产品比 Zn∶MnO_2 = 1∶1.22，节能 50%～60%。双电解废液再进行锌的单电解，进一步回收锌、锰。

目前开发的炼锌新方法还有硫化锌精矿的加压浸出法，该法是目前使用最多、污染最少的炼锌方法。在温度为 150～155℃，硫酸含量为 60%～65% 时，锌的回收率达到 95%～96%。加压浸出法在很大程度上克服了常压浸出放出 H_2S 气体和设备腐蚀严重等缺点，图 7 - 3 所示为加压浸出法的工艺流程图。

7.2.2.3 氧化锌矿的直接浸出法

氧化锌矿的特点是品位低而含硅高，直接浸出易于产生胶体，给液固分离带来困难。未经焙烧的氧化锌矿夹带碳酸盐多，直接浸出时始酸不能太高，否则产生的大量气体易造成冒槽，使生产无法进行。

氧化锌矿直接浸出工艺在国外已有巴西的 InGa 公司和澳大利亚的 Risdon 等厂采用。

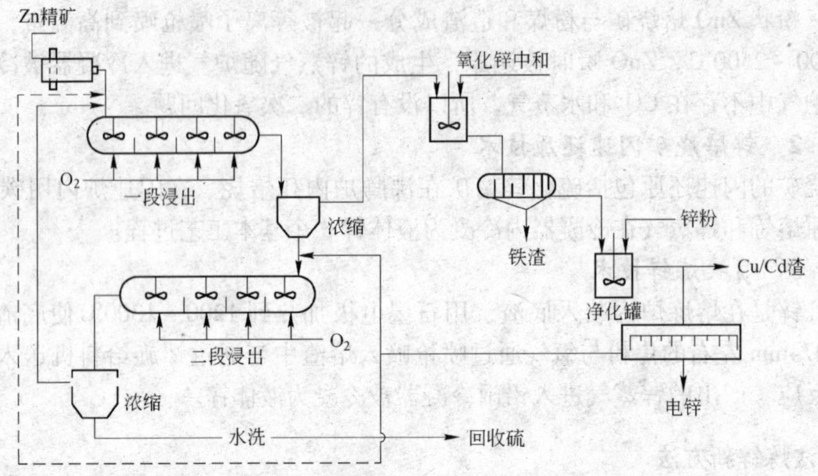

图7－3　加压浸出法工艺流程图

我国某冶炼厂处理高硅氧化锌矿，该矿含 $SiO_2$15%～16%，含 Zn25%，采用控制 pH 值沉硅，取得成功。锌的总回收率为 75%～80%，由于这种原料价格较低，故经济效益较好，目前年产已达万吨。

我国的昆明冶金研究院研制出氧化锌矿的直接浸出工艺流程如图 7－4 所示，它由浸出和硅酸中和凝聚两段组成，凝聚段主要是处理溶解在矿浆中的 SiO_2，通过中和并加入 Fe^{3+}、Al^{3+}凝聚剂，使胶质 SiO_2在高 pH 值、高 Zn^{2+}浓度和足够的反离子 Fe^{3+}、Al^{3+}凝聚剂存在的条件下聚合成颗粒相对紧密、易于过滤的沉淀物。

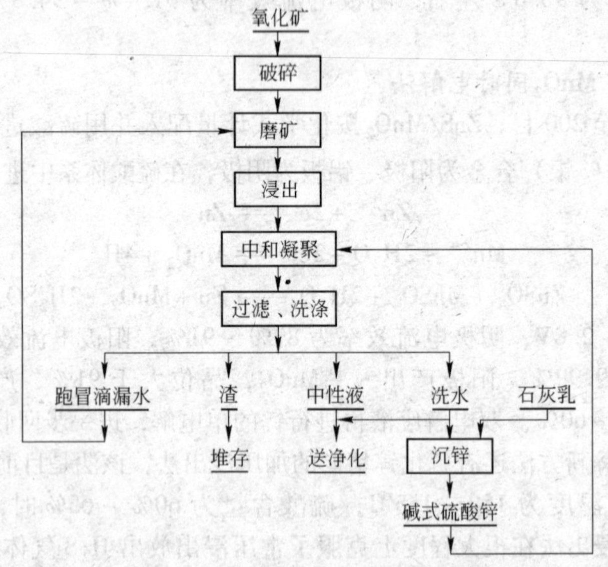

图7－4　氧化锌矿的直接浸出工艺

7.2.2.4　硫化锌矿的直接浸出法

硫化锌精矿氧压浸出新工艺的特点是锌精矿可不经过焙烧，在一定压力和温度条件下，利用氧气直接酸浸获得硫酸锌溶液和元素硫，因而无需建设配套的焙烧车间和硫酸厂。该工艺浸出效率高，适应性好，与其他炼锌方法相比，在环保和经济方面都有很强的竞争能力，尤其是对于成品硫酸外运交通困难的地区，氧压浸出工艺以生产元素硫为产品，便于储存和运输。

该工艺于1959年由加拿大舍利特·高顿公司首先试验成功。早期开展试验时，由于发生反应的精矿颗粒被反应生成物熔融元素硫包裹，致使未反应的硫化物难以反应进行完全，因此，浸出温度不得不控制在元素硫熔点(119℃)以下，使浸出时间长达6~8h，后来，发现了某些表面活化剂能消除熔融元素硫的不利影响，浸出温度得以提高至150℃，大大缩短了浸出时间，为工业化生产创造了有利条件。

锌精矿氧压浸出已经历了20多年的历程，通过上述工厂的生产实践表明，该工艺对环境污染少，硫以元素硫回收，锌回收率高，工艺适应性强，可以和传统的焙烧-浸出工艺很好地结合，也可完全取消焙烧过程而独立运作。

闪锌矿在酸性氧化浸出中发生如下反应：

$$ZnS + 2H^+ = Zn^{2+} + H_2S$$

$$ZnS + 2H^+ + \frac{1}{2}O_2 = Zn^{2+} + H_2O + S^0$$

硫化锌精矿直接浸出需要控制适当条件，使浸出过程按上述反应式进行，生成元素S^0。为了使反应产出的硫化氢氧化成元素硫：$H_2S - 2e = 2H^+ + S^0$，应使反应在有氧化剂的条件下进行，较低的酸度与较高的电势（较大的氧分压）有利于这一转移过程的进行。

氧压浸出实质上是将锌精矿焙烧过程发生的氧化反应和锌焙砂浸出过程发生的酸溶反应合并在一起进行，为了加速反应的进行，在锌精矿焙烧过程中，采用提高温度的办法来增大反应速度常数，而在氧压浸出时，除了适当提高反应温度至110~160℃外，则主要是采用具有较高的氧分压。由于所用氧浓度增大，在质量作用定律的支配下，锌精矿的氧化反应速度也大大地提高了。

试验研究显示：

(1) 温度升高，浸出反应速度增大。当温度提高到元素硫的熔点（119℃）时，产生的熔融S^0包裹在ZnS颗粒表面，阻碍了浸出反应的继续进行，致使反应时间延长达8h，才能得到较好的浸出效果，但在后来的试验中又发现，熔融S^0的黏度在153℃时最小，而温度高于200℃时，S^0氧化为SO_4^{2-}的速度大为增加，因此适宜的浸出温度定为（150±10)℃；

(2) 反应机理研究表明，溶液中Fe^{3+}的存在对浸出反应起加速作用，Fe^{3+}本身被还原成Fe^{2+}，接着又被O_2再氧化为Fe^{3+}。

$$ZnS + Fe_2(SO_4)_3 = ZnSO_4 + 2FeSO_4 + S^0$$

$$2FeSO_4 + H_2SO_4 + 1/2O_2 = Fe_2(SO_4)_3 + H_2O$$

上述$Fe^{2+} \rightarrow Fe^{3+}$被认为是浸出过程的控速阶段，浸出反应与$Fe^{2+}$的氧化速率紧密相关，而$Fe^{2+}$的氧化速率与$Fe^{2+}$、$Fe^{3+}$的浓度、溶液的酸度及浸出过程的氧压有关，为了取得较高的锌浸出率，一般要求浸出终酸的浓度不低于20g/L，而浸出过程的氧压应提高到700kPa。

(3) 浸出反应是在ZnS矿粒表面进行的多相反应，为了提高浸出过程的反应速度，要求精矿粒度98%为-44μm，同时需加入木质磺酸盐（约0.1g/L）作表面活化剂，以破坏精矿矿粒表面上包裹的S^0膜，使浸出反应顺利进行。

在氧压浸出时，黄铁矿与黄铜矿只有少量溶解产生S^0，所以传递氧的铁是从铁闪锌矿和磁硫铁矿物中溶解的铁。

精矿中的方铅矿发生如下反应，使铅以铅铁矾的形态进入渣中，反应式为：

$$PbS + H_2SO_4 + 1/2O_2 = PbSO_4 + S^0 + H_2O$$

$$PbSO_4 + 3Fe_2(SO_4)_3 + 12H_2O = PbFe_6(SO_4)_4(OH)_{12} + 6H_2SO_4$$

在除铁阶段，溶液中的铁水解生成水合氧化铁和草黄铁矾的混合沉淀物进入渣中，反应式为：

$$Fe_2(SO_4)_3 + (x+3)H_2O = Fe_2O_3 \cdot xH_2O + 3H_2SO_4$$

$$3Fe_2(SO_4)_3 + 14H_2O = (H_3O)_2Fe_6(SO_4)_4(OH)_{12} + 5H_2SO_4$$

锌精矿氧压浸出的浸出温度为140～155℃，氧分压为700kPa，浸出时间约1h。锌浸出率可达98%以上，硫的总回收率约88%，经浮选或热过滤后可得含硫99.9%以上的元素硫产品。

目前国外有四家工厂采用氧压浸出工艺，国内已有永昌铅锌公司、呼伦贝尔驰宏、中金岭南等几家工厂采用。

7.3 锌冶金物料的综合回收

7.3.1 浸出渣的挥发窑还原挥发

7.3.1.1 基本原理

在1100～1300℃的高温下，浸出渣中的锌、铅、铟、锗等有价金属（主要呈氧化物状态存在，少部分呈硫化物状态存在），被一氧化碳还原为金属，挥发进入烟气，在烟气中被氧化成氧化锌等，随烟气离开挥发窑被收集在收尘器内，其主要化学反应为：

在料层内

$$C + O_2 = CO_2$$

$$CO_2 + C = 2CO$$

$$ZnO + CO = Zn\uparrow + CO_2$$

$$ZnO + C = Zn\uparrow + CO$$

$$Fe_2O_3 + CO = 2FeO + CO_2$$

$$FeO + CO = Fe + CO_2$$

$$ZnO + Fe = Zn\uparrow + FeO$$

在料层上空

$$2Zn + O_2 = 2ZnO$$

$$2CO + O_2 = 2CO_2$$

7.3.1.2 影响氧化还原反应速度的因素

影响氧化还原反应速度的因素主要有：

（1）气体还原剂CO在反应带产出的速度，产出物CO_2和锌蒸气排出的速度。CO产出速度和CO_2及锌蒸气排出速度越大，氧化物的还原速度就越快，故要求炉料在窑内翻动良好。

（2）还原过程的温度。温度越高，还原速度就越快。

（3）炉料的粒度。粒度过小，虽然暴露的表面积大，但透气性不好，故不但要求炉料与气体的接触表面大，而且要求炉料的透气性良好，所以要求炉料的粒度要适当。

（4）还原剂的气体分压。在炉内 CO 的分压增大，对炉料表面的吸附能力加强。进行强制鼓风，可以使料层中的焦粉迅速燃烧成 CO 而增大其分压，从而加速还原过程。

7.3.1.3 浸出渣挥发窑还原挥发的工艺流程

某厂浸出渣挥发窑还原挥发的工艺流程如图 7－5 所示。

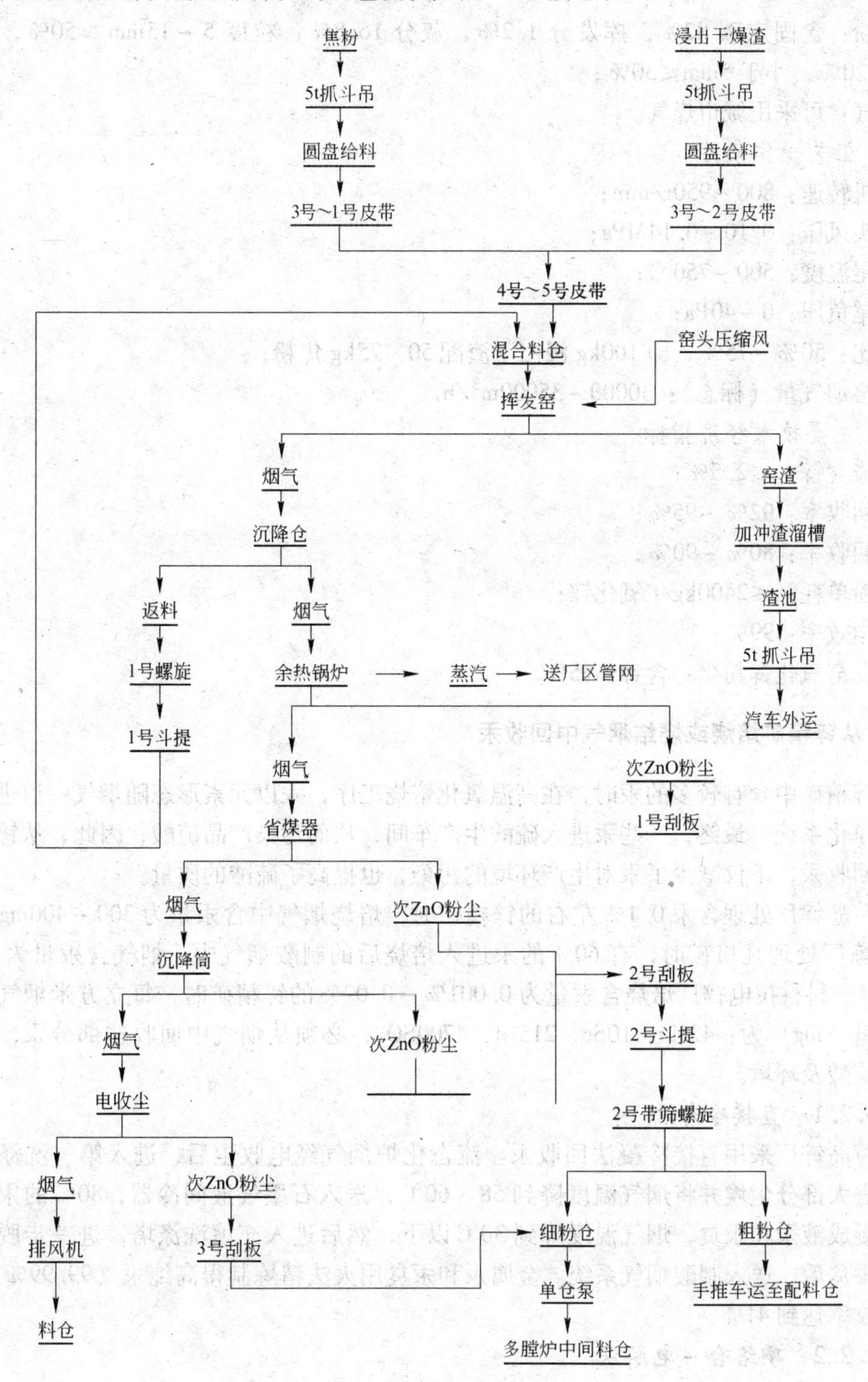

图 7－5 浸出渣挥发窑还原挥发工艺流程图

7.3.1.4　浸出渣挥发窑还原挥发工艺实例

某厂浸出渣挥发窑还原挥发工艺各项指标如下。

A　原材料及质量要求

焙矿浸出干燥渣：含 $Zn_{全}$ 18% ~22%，H_2O≤18%，粒度≤20mm；

焦粉：含固定碳 82%，挥发分 1.2%，灰分 16.8%，粒度 5 ~ 15mm ≥50%，大于 15mm≤20%，小于 5mm≤30%；

煤气：可采用城市煤气。

B　工艺操作条件

电机转速：800 ~950r/min；

窑头风压：0.10 ~0.14MPa；

窑尾温度：500 ~750℃；

窑尾负压：0 ~40Pa；

焦比：50% ~75%，即 100kg 浸出干渣配 50 ~75kg 焦粉；

离窑烟气量（标态）：30000 ~35000m^3/h。

C　主要技术经济指标

窑渣含锌：≤2.5%；

锌回收率：92% ~95%；

铅回收率：80% ~90%；

焦粉单耗：≤2400kg/t 氧化锌；

收尘效率：99%；

挥发窑氧化锌粉尘：含锌≥55%。

7.3.2　从锌精矿焙烧或烧结烟气中回收汞

当锌精矿中含有较多的汞时，在高温氧化焙烧工序，汞以元素形态随烟气一道进入烟气冷却净化系统，最终，一些汞进入硫酸生产车间，从而污染产品硫酸，因此，从锌焙烧烟气中回收汞，不仅减少了汞对生产环境的污染，也提高了硫酸的质量。

葫芦岛锌厂处理含汞 0.1% 左右的锌精矿时，焙烧烟气中含汞量为 300 ~400mg/m^3，韶关冶炼厂处理凡口矿时，有 60% 的汞进入焙烧后的制酸烟气中，烟气含汞量为 20 ~60mg/m^3。科科拉电锌厂焙烧含汞量为 0.001% ~0.02% 的锌精矿时，每立方米烟气中含汞等的量（mg）为：42Hg，10Se，215Cl，4700SO_3，必须从烟气中回收这部分汞，否则将污染硫酸及环境。

7.3.2.1　直接冷却法

葫芦岛锌厂采用直接冷凝法回收汞。流态化炉烟气经电收尘后，进入第一洗涤增湿塔，洗去大部分尘埃并将烟气温度降到 58 ~60℃，送入石墨气液间冷器，80% 的汞蒸气在此冷凝成液汞和汞炱，烟气温度降到 30℃ 以下，然后进入充填洗涤塔，进一步脱去金属汞和汞炱后，送入制酸烟气系统。金属汞和汞炱用火法精炼制得高纯汞（99.99% Hg），汞的回收率达到 41%。

7.3.2.2　碘络合 - 电解法

韶关冶炼厂曾采用碘络合 - 电解法回收汞，其工艺流程如图 7 -6 所示。

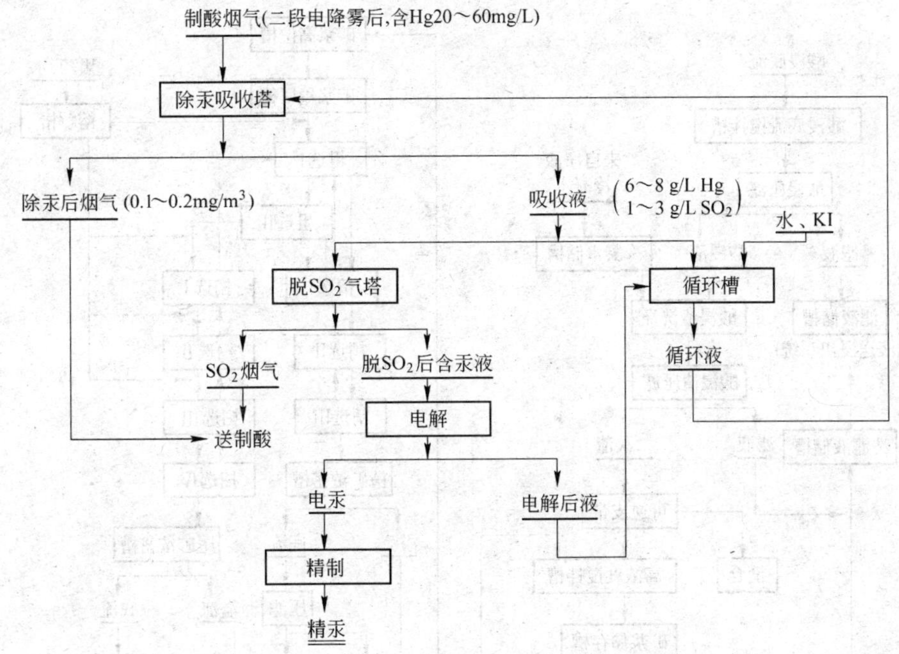

图 7-6 碘络合-电解法回收汞工艺流程图

采用上述流程回收汞，从烟气中除汞效率为99%，精制汞的纯度为99.99%，由除汞后的烟气制得的硫酸含汞由原来的100～170μg/g降到1μg/g以下，汞的总回收率达到45.3%。

7.3.3 从浸出渣中回收银

在常规的湿法炼锌中，银富集在酸浸渣中。在铅锌冶金联合企业，酸浸渣通常送往铅系统进行处理，即通过铅冶炼使银富集在粗铅中，之后进行铅电解转入阳极泥，最后通过阳极泥处理，铅、银分离而提取银。

锌冶炼企业，在处理浸出渣中的银时，因受条件限制，无法将含银浸出渣送往铅系统时，可以采用浮选法从浸出渣中回收银。

浮选法回收银的原理：在浮选原矿中，加入硫化物捕收剂丁基胺黑药（即二丁基二硫代磷酸胺）浮选时，通过浮选机搅拌和充气，使原矿矿浆形成大量已受丁基胺作用的气泡，具有疏水性的硫化银等硫化物矿粒，便附着于气泡并随同气泡上浮被富集在矿浆表面上，从而形成矿化泡沫层，由刮板连续刮出得到精矿，从而达到从锌浸出渣中富集银的目的。某厂浸出渣过滤及银浮选的工艺流程图如图7-7所示。其中银浮选流程为二粗三精四扫。

7.3.4 从净化的铜镉渣中回收镉

湿法炼锌厂中，净化工序产出的铜镉渣是提镉的主要原料。目前主要采用置换法和电积法从铜镉渣中提取镉。

7.3.4.1 置换法提取镉

A 浸出

以锌电解废液作溶剂，浸出铜镉渣中的锌、镉、钴，以达到与铜分离的目的。主要反

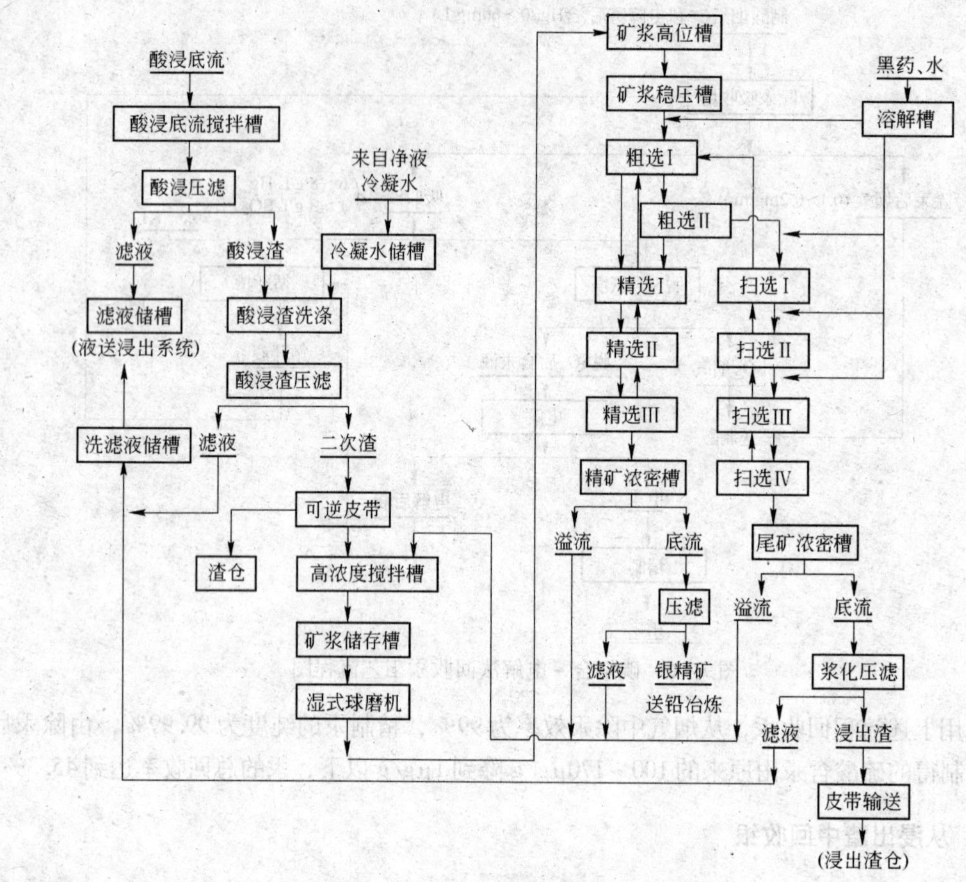

图 7 - 7 渣过滤及银浮选工艺流程图

应式如下：

$$Cd + H_2SO_4 = CdSO_4 + H_2\uparrow$$

$$CdO + H_2SO_4 = CdSO_4 + H_2O$$

$$Zn + H_2SO_4 = ZnSO_4 + H_2\uparrow$$

$$ZnO + H_2SO_4 = ZnSO_4 + H_2O$$

B 置换

利用标准电极电位较负的金属锌来置换溶液中标准电极电位较正的金属镉离子，其主要反应式如下：

$$CdSO_4 + Zn = ZnSO_4 + Cd\downarrow$$

C 洗渣

压滤渣加水加温洗涤（加少量废电解液），尽量减少浸出渣（铜渣）中锌镉的含量。

D 沉钴

沉钴反应式为：

$$CoSO_4 + Zn \xrightleftharpoons[\text{锑盐}]{\Delta} ZnSO_4 + Co\downarrow$$

某厂置换法提取海绵镉工艺流程如图 7 - 8 所示。

7.3.4.2 电积法提取镉

电积法提取镉，其主要工序是对置换法得到的含镉较高的海绵镉，加硫酸和高锰酸

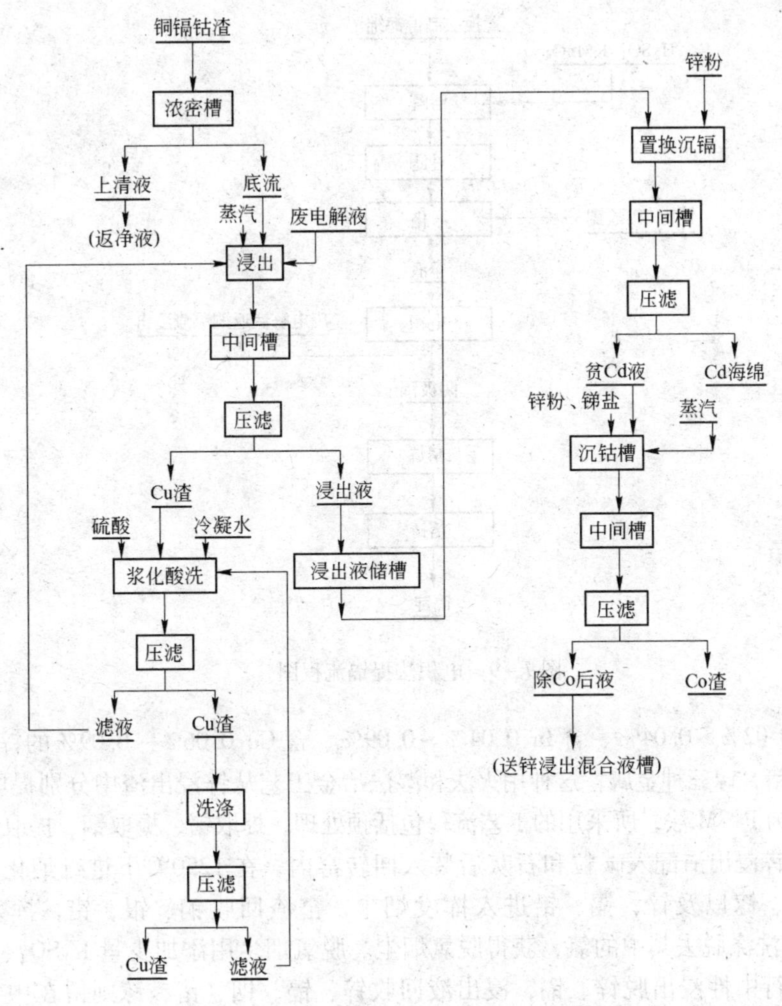

图 7-8 某厂置换法提取海绵镉工艺流程图

钾，经溶解、过滤、净化（加锌粉、碳酸锶）制得电解液进行电积，阴极镉经熔铸与精炼产出镉锭。电积法提镉流程图如图 7-9 所示。

7.3.5 从锌浸出渣或铁矾渣中回收铟、锗、镓

在锌焙烧的常规浸出流程中，铟、锗、镓富集在酸性浸出渣中，将酸浸渣用回转窑烟化时，铟、锗、镓便随锌一道挥发进入到所收集的氧化锌粉中，这种氧化锌粉除用于提锌外，还应回收铟、锗、镓。我国广西大厂矿区产出的锌精矿富含铟，用黄钾铁矾法处理这种锌精矿时，锌焙砂中 95% 的铟进入铁矾法炼锌流程的热酸浸出液中，热酸浸出液中含铟约 100mg/L，铁约为铟的 150 倍，以黄钾铁矾沉淀铁时，铟和铁共沉淀，得到含铟铁矾渣，铟可以从沉铁以前的热酸浸出液中回收，也可以从含铟铁矾渣中回收。

7.3.5.1 P-M 法回收铟、锗、镓

最早从湿法炼锌系统中回收铟、锗、镓的是意大利玛格海拉港（Potro - Marghera）电锌厂与都灵冶金中心（Torino Metallury Centre），它们于 1969 年联合采用火法和湿法冶金

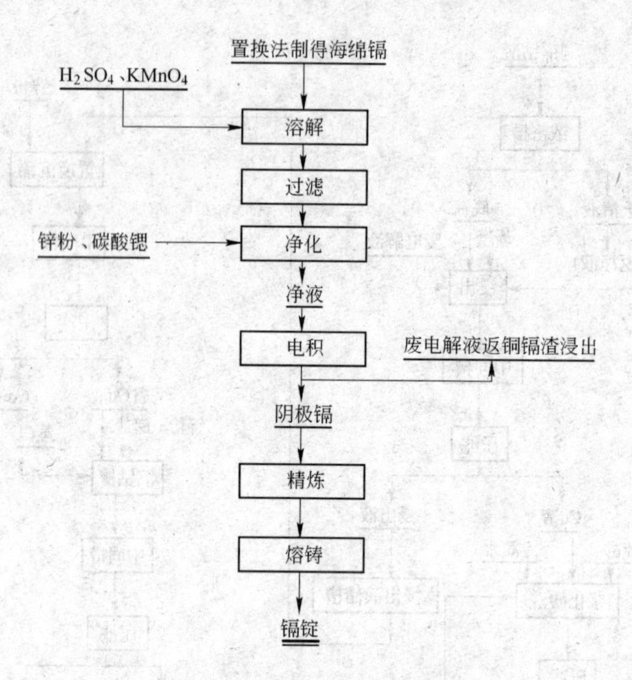

图7-9　电积法提镉流程图

方法从含 Ga 0.02%～0.04%、含 In 0.04%～0.09%、含 Ge 0.06%～0.09%的锌浸出渣中同时回收铟、锗、镓三种金属，这种用火法和湿法冶金工艺从锌浸出渣中分别提取铟、锗、镓的过程，称为P-M法，所采用的工艺流程包括预处理、提取锗、提取铟、提取镓。

预处理：锌浸出渣配入碳粒和石灰后装入回转窑内，在1250℃下进行烟化处理，使大部分铟、锗、镓以及锌、镉、铅进入挥发烟尘，窑渣回收铜、银、铅，挥发烟尘用 Na_2CO_3 水溶液洗涤脱去其中的氯，获得脱氯烟尘。脱氯烟尘用添加少量 K_2SO_4、$FeSO_4$ 的锌电解废液进行中性浸出脱锌、镉，浸出液回收锌、镉，铟、锗、镓则留在中性浸出渣中，实现了铟、锗、镓与锌、镉的分离。中性浸出渣用含 $CaCO_3$ 的稀 H_2SO_4 进行还原浸出，$CaSO_3$ 使高价铁还原成低价铁，控制浸出液的pH值为1，以促使铟、锗、镓进入还原浸出液，铅则留在浸出渣中，经过滤获得含铅40%左右的铅渣，作为回收铅的原料，酸浸液作为提取铟、锗、镓的原料。

提锗：还原酸浸液中加丹宁，生成丹宁锗沉淀物，铟、镓则留在丹宁母液中，可作为提取铟、镓的原料。过滤得到的丹宁锗沉淀物在600℃下进行氧化焙烧，得到锗精矿，锗精矿经氯化法提锗处理，再经过区域熔炼可制得锗单晶。

提铟、镓：丹宁母液用 NaOH 中和得到含铟 0.6%～1.2%、含镓 0.5%～2.5%的中和渣，在70～80℃下，用含 $CaCO_3$ 的稀 H_2SO_4 溶液溶解中和渣，过滤所得的酸性溶液用氨水再中和溶液至pH值为4.2，此时铟、镓水解进入富集渣中，再用 NaOH 分解富集渣，镓转入溶液，铟则残留在富铟渣中，实现了铟、镓的分离。富铟渣经碱性熔炼-酸性浸出-锌置换制得海绵铟，海绵铟可经碱性熔炼后电解精炼制取纯铟。含镓的碱浸液再次用硫酸中和到pH值为6.5～7.0，镓便以 $Ga(OH)_3$ 形态进入三次中和渣 $Ga(OH)_3$ 渣中，$Ga(OH)_3$ 经酸溶解、醚萃取镓，所得镓反萃液，经碱化造液、电解制得金属镓。此法由于多次中和工艺流程长，液固分离频繁，镓、铟的回收率不高，因而综合回收效果不如综合法回收铟、锗、镓，全萃取法回收铟、锗、镓。

7.3.5.2 综合法回收铟、锗、镓

此法是以锌浸出渣为原料，经浸出、丹宁沉淀锗和溶剂萃制得铟、锗、镓的过程。主要包括预处理、提取铟和提取镓等工序，此法于1975年在我国研究开发成功，回收铟的工艺已用于工业生产，其工艺流程如图7-10所示。

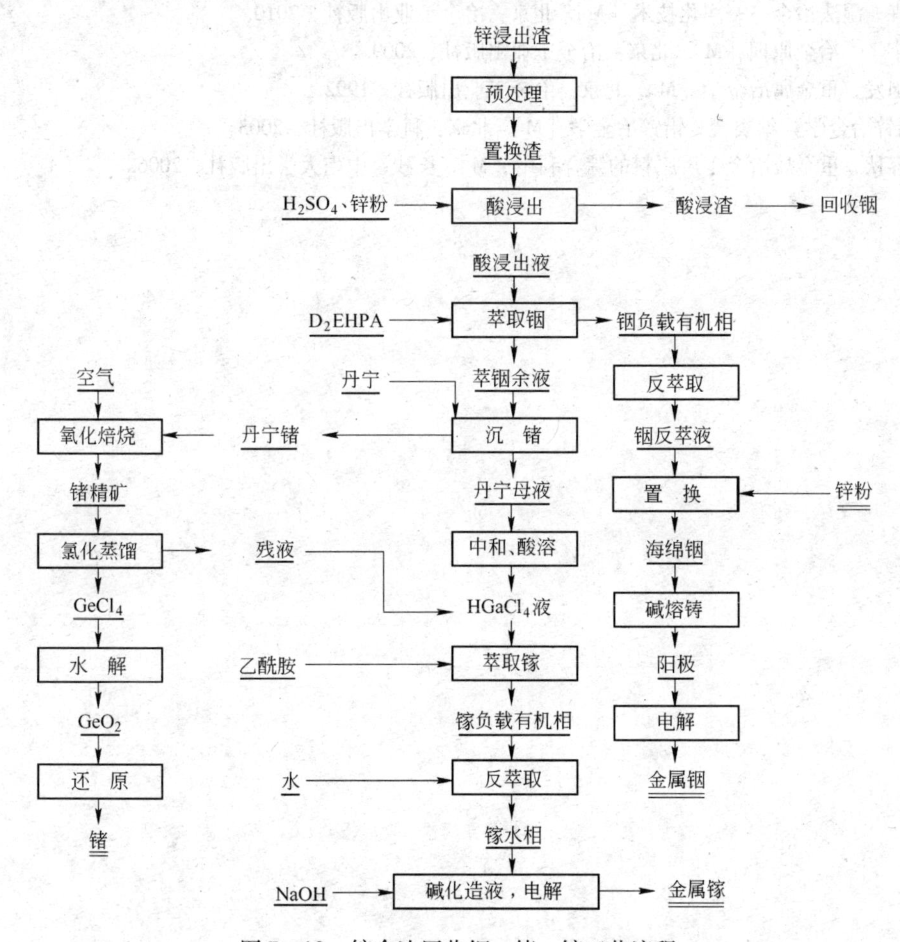

图7-10 综合法回收铟、锗、镓工艺流程

复习思考题

7-1 简述清洁生产的含义。

7-2 评价锌冶炼清洁生产的指标体系主要包括哪些内容？

7-3 如何通过挥发窑回收浸出渣中的锌？

7-4 通过哪些措施可以回收提取锌冶炼副产品中的有价元素？

参考文献

[1] 陈利生．湿法冶金——电解技术［M］．北京：冶金工业出版社，2011.
[2] 陈利生．火法冶金——备料与焙烧技术［M］．北京：冶金工业出版社，2011.
[3] 刘红萍．湿法冶金——浸出技术［M］．北京：冶金工业出版社，2010.
[4] 黄卉．湿法冶金——净化技术［M］．北京：冶金工业出版社，2010.
[5] 卢宇飞．冶金原理［M］．北京：冶金工业出版社，2009.
[6] 陈国发．重金属冶金学［M］．北京：冶金工业出版社，1992.
[7]《铅锌冶金学》编委会．铅锌冶金学［M］．北京：科学出版社，2003.
[8] 彭容秋．重金属冶金工厂原料的综合利用［M］．长沙：中南大学出版社，2006.

冶金工业出版社部分图书推荐

书　名	作　者	定价(元)
铅冶金	雷　霆	26.00
铅锌冶炼生产技术手册	王吉坤	280.00
重有色金属冶炼设计手册（铅锌铋卷）	本书编委会	135.00
贵金属生产技术实用手册（上册）	本书编委会	240.00
贵金属生产技术实用手册（下册）	本书编委会	260.00
铅锌质量技术监督手册	杨丽娟	80.00
锑冶金	雷　霆	88.00
铟冶金	王树楷	45.00
铬冶金	阎江峰	45.00
锡冶金	宋兴诚	46.00
湿法冶金——净化技术	黄　卉	15.00
湿法冶金——浸出技术	刘洪萍	18.00
火法冶金——粗金属精炼技术	刘自力	18.00
火法冶金——备料与焙烧技术	陈利生	18.00
湿法冶金——电解技术	陈利生	22.00
结晶器冶金学	雷　洪	30.00
金银提取技术（第2版）	黄礼煌	34.50
金银冶金（第2版）	孙　戬	39.80
熔池熔炼——连续烟化法处理	雷　霆	48.00
有色金属复杂物料锗的提取方法	雷　霆	30.00
硫化锌精矿加压酸浸技术及产业化	王吉坤	25.00
金属塑性成形力学原理	黄重国	32.00